高機能動画編集ソフト

DaVinci Resolve Fusion

今日から使える活用ガイド

大藤 幹 著

JN075913

マイナビ

本書のサポートサイト

本書で使用されているサンプルファイルの一部を掲載しております。訂正・補足情報についてもここに掲載していきます。

https://book.mynavi.jp/supportsite/detail/9784839986339.html

- サンプルファイルのダウンロードにはインターネット環境が必要です。
- サンプルファイルはすべてお客様自身の責任においてご利用ください。
- サンプルファイルおよび動画を使用した結果で発生したいかなる損害や損失、その他いかなる事態についても、弊社および著作権者は一切その責任を負いません。
- サンプルファイルに含まれるデータやプログラム、ファイルはすべて著作物であり、著作権はそれぞれの著作者にあります。本書籍購入者が学習用として個人で閲覧する以外の使用は認められませんので、ご注意ください。営利目的・個人使用にかかわらず、データの複製や再配布を禁じます。
- 本書に掲載されているサンプルはあくまで本書学習用として作成されたもので、実際に使用することは想定しておりません。ご了承ください。

はじめに

　本書は、動画編集ソフト DaVinci Resolve の中でも特に難関と言われている「Fusionページ」を使えるようにするための解説書です。

　Fusionが初めての方は、まずは見出しに【必修】と書かれている章に目を通してみてください。自分の手で実際に操作しながら読み進めることで、Fusionを使うために最低限必要となる基本操作がマスターできます。【必修】の内容さえ把握できていれば、【初級】や【中級】の章は読み飛ばして最後の「Part 3 目的別操作手順」に進むことも可能です。ただし、Part 3 では主として操作の手順を掲載しているため、その途中に複雑で長文になる解説は挟み込まないようにしています。機能が豊富で複雑なトラッカーやキーフレームエディター、スプラインエディターなどについては、Part 2でその役割や機能について詳しく解説していますので、あらかじめ一読されておくことをお勧めします。

　最後に、あくまで個人的な感想ではあるのですが、本書ほど執筆が困難だった書籍はありませんでした。これまでに70冊近くの本を執筆してきた経験があるにもかかわらず、Fusionはできることがあまりにも広範囲すぎて、長い時間をかけても本の構成すら決められなかったのです。まるで漠然と「地球の本を書いてください」と注文されたような状態でした。市販される書籍ですから、ページ数が常識の範囲内に収まるように配慮する必要もあります。結局、構成を決めてから書き始めることは諦め、最初に書くべき内容のイメージだけは持っていたので、まずはそこから書き進めていくことにしました。そのような手探りの状態で、途中で何度か構成を大きく変更しながらも、なんとか完成したのが本書です。

　「Fusionページ」が使えるようになるきっかけの一冊として、また操作手順を思い出すための時間を大幅に節約できる参考書として、本書を存分にご活用いただけましたら幸いです。

2024年6月
大藤 幹

Contents

Contents

Contents

本書を読む前に

　本編に入る前の準備として、簡単にDaVinci Resolveのインストールや画面構成について説明をします。

▶ DaVinci Resolveのインストール

　DaVinci Resolveは、Blackmagic Design社の公式サイトからダウンロードします。
https://www.blackmagicdesign.com/jp/products/davinciresolve/

　「DAVINCI RESOVLE 今すぐダウンロード」をクリックします。

　次のページでインストールするOSのボタンをクリックします。

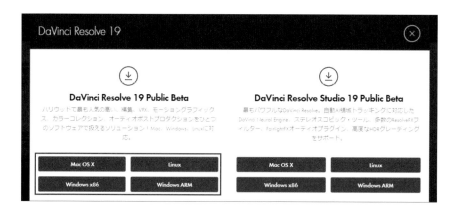

　さらに次のページで個人情報を入力するとダウンロードできます。ダウンロードしたファイルを解凍して、インストール作業を進めてください。

● プロジェクトの作成

DaVinci Resolveを起動したら、最初にプロジェクトを作成します。「プロジェクト
マネージャー」の画面で、右下の「新規プロジェクト」をクリックして作成します。

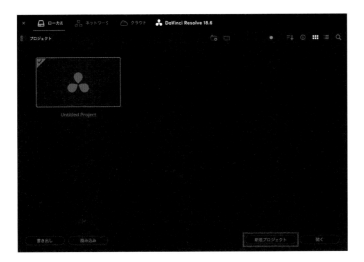

● DaVinci Resolveの画面構成

DaVinci Resolveの画面は以下のようになっています（Fusionページを開いた場合）。
選択しているボタンによって表示が異なりますのでご注意ください。

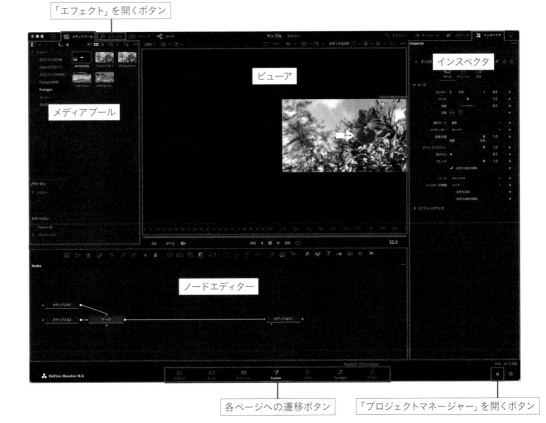

▶ サンプルファイルに含まれるプロジェクトアーカイブの開き方

本書のサポートサイトからダウンロードできるプロジェクトアーカイブの開き方を説明します。

画面右下にある家のアイコンをクリックしてプロジェクトマネージャーを開きます。

復元する「.dra」フォルダをプロジェクトマネージャー上にドラッグ＆ドロップします。

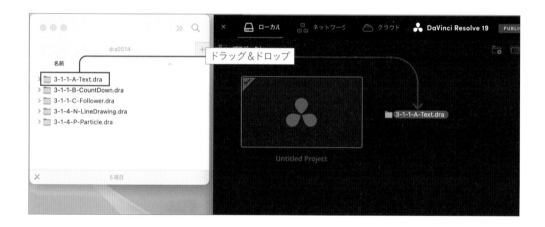

プロジェクトマネージャーにプロジェクトが復元されるのでそれをダブルクリックして開きます。

● その他の編集操作については、著者の前著をご参照ください。
『自由自在に動画が作れる高機能ソフト DaVinci Resolve入門』
(https://amzn.asia/d/0311kotu)

Part **1**

ノードの基本

1-1

【必修】ノードの基本操作

Fusionの最初でかつ最大のハードルは「ノード」です。多くの人にとって、今まで扱ったことがなく知識がないものであり、操作方法も想像がつかないのであれば使えないのも当然です。本書のPart 1では、このノードに関する基礎知識を学習しつつ、基本的な操作方法を覚えていきます。このパートの内容は、ぜひ実際に操作しながら読み進めてください。

1-1-1

Fusionの概要と準備

はじめに、Fusion自体とその最大の特徴であるノードについての概要を押さえておきましょう。また、これからノードの操作を開始するにあたって、ノードのラベルを日本語化する方法についても解説しておきます。

Fusionページでできること

DaVinci Resolveでは、ごく簡単な編集作業であればカットページまたはエディットページだけで行うことも可能です。しかし、より高度な作業を行う際には、色の調整ならカラーページ、音の調整ならFairlightページといったように、それぞれ専用のページを使用します。DaVinci Resolveでより高度で複雑な映像の合成・加工を行う際に幅広く利用できる専用ページがFusionページです。

Fusionページでは、映像に何かを追加して、それを自由自在に動かすことが可能です。映像に追加できるのは、テキストやグラフィック、別の映像だけではありません。煙や湯気のようなものを生成して表示させたり、映像の一部を光らせたり影を表示させることなどもできます。しかもそれらは、3Dとして処理することもできるのです。

また、Fusionページでは映像の中で動いている特定のものの位置を自動的に記録する機能（トラッキング機能）も充実しています。それによって、矢印を対象物の動きに連動させて動かしたり、映像内で動いているものの特定の部分にだけエフェクトをかけることなどができます。

カットページやエディットページでも、何かを追加したり、エフェクトをかけたり、キーフレームでそれらを動かしたりすることは可能です。しかし、Fusionページを利用することでより複雑で本格的な処理を自由に行えるようになります。

Fusionページのノードとは？

Fusionページでは、フローチャート（流れ図）を作るような方式で処理を指定していきます。具体的には、特定の機能を持った四角い図形を線でつないでいくことで、複数の処理を順番に実行させてひとつのまとまった処理を行わせます。DaVinci Resolveでは、その特定の機能を持った四角い図形のことを「ノード」と呼びます。Fusionページには機能の異なる300種類以上のノードが用意されており、各ノードはインスペクタで細かく設定できるようになっています。

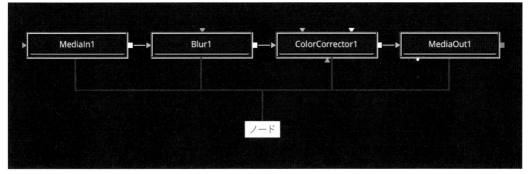

Fusionページのノードの例

　各ノードの持つ機能はさまざまです。たとえば、映像をぼかすノードや色を変えるノード、テキストを追加するノード、図形を追加するノード、追加したものに影をつけるノード、煙のようなものを生成するノード、大きさや形を変えるノード、効果を適用する領域を限定するノードなどがあります。ノードはそのようにさまざまな機能を持っているため「ツール」とも呼ばれます。

> **補足情報：ノード ＝ ツール**
>
> Fusionページでの操作対象としてのノードは、見方を変えればそれぞれに機能を持ったツールでもあります。そのため、ノードを機能的な側面から分類する場合などには、ツールとも呼ばれます。特にFusionページの「エフェクト」タブやメニューでは、「ノード」は「ツール」と表記されていますのでご注意ください。

ノードのラベルを日本語にする方法

　ノードのラベル（名前）は初期状態だと英語で表示されますが、日本語に変更することも可能です。本書ではこれ以降、ノードのラベルを日本語にした状態で説明していきますので、本書と同じ状態で学習していきたい方は、ここでノードのラベルを日本語に変更しておいてください。

> **ヒント：ノードの英語名を知りたいときは？**
>
> 本書の付録の「日英対応 全ノード名一覧（p.257）」を参照してください。日本語の名前と英語の名前の両方が確認できます。

1　Fusionページを開く

まず、Fusionページに移動します。Fusionページで開くクリップはどれでもかまいません（タイムラインにクリップがない状態でも大丈夫です）。

2 「Fusion」メニューから「Fusion設定...」を選択する

画面上部にある「Fusion」メニューから「Fusion設定...」を選択すると設定用のダイアログが表示されます。

3 「ユーザーインターフェース」を選択する

設定画面の左側にある項目の中から「ユーザーインターフェース」を選択します。

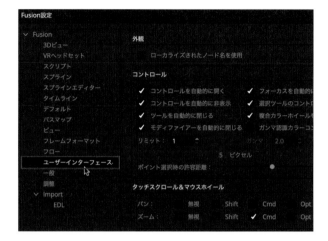

4 「ローカライズされたノード名を使用」をチェック

設定画面の右側の一番上にある「ローカライズされたノード名を使用」をクリックしてチェックします。

5 右下の「Save」ボタンを押す

設定画面の右下にある「Save」ボタンを押すと、設定内容が保存されダイアログが閉じられます。この操作以降にノードエディター（Fusionページ下部にあるノードを配置するエリア）に追加したノードのラベルは日本語になります。

補足情報：すべてのノードが日本語化されるわけではない!?

上記の操作を行なっても、すべてのノードが日本語化されるわけではありません。一部ですが、英語名のままで日本語化されていないノードもあります。また、バージョンの違いによって、本書のスクリーンショットと実際の表記が異なる可能性もありますのでご注意ください。

ヒント：既存のノードを日本語にするには？

ここで説明した操作を行って日本語になるのは、この操作以降にノードエディター（Fusionページ下部にあるノードを配置するエリア）に追加したノードだけです。既存のノードを日本語にするには、「Fusion」メニューから「コンポジションをリセット」を選択してください。ただし、コンポジションをリセットすると、ノードは初期状態に戻された上で日本語化されます（あとから自分で追加したノードは無くなります）。

ノードの基本操作を覚えよう

ノードは線で接続されて初めて機能します。ここでは、ノードの線をつないだり消したりする方法のほか、線の途中にノードを挿入する方法についても学習します。この節の内容は、Fusionページで実際に操作しながら読み進めてください。

クリップをFusionページで開いてみよう

　カットページまたはエディットページからFusionページに移動すると、タイムライン上で再生ヘッドが置かれていた位置のクリップが開かれます。再生ヘッドの位置に複数のクリップがある場合は、より上のトラックにあるクリップが開かれます。

　どのクリップでもかまいませんので、カットページまたはエディットページのタイムラインでビデオクリップの上に再生ヘッドを置き、Fusionページに移動してみましょう。

ビデオクリップを初めてFusionページで開いたときのノードの状態

補足情報：日本語化していない場合

ノードを日本語化していない場合は、「メディア入力1」は「MediaIn1」、「メディア出力1」は「MediaOut1」と表示されます。

　Fusionページを開くと、2つのノードが配置されています。左側の「メディア入力1」というのは再生ヘッドの位置にあったクリップそのものです。つまり、「Fusionページで何も手を加えていない初期状態」をあらわしているノード、ということになります。右側の「メディア出力1」というのは、「Fusionページでの最終的な状態」をあらわしているノードです。したがって、カットページやエディットページ、カラーページなどでこのクリップを開くと、このノードの状態で表示されることになります。

　わかりやすく言えば、「メディア入力1」と「メディア出力1」は、すごろくの「スタート」と「ゴール」のようなものです。そのため、この「メディア入力1」と「メディア出力1」に手を加えることはほとんどなく、さまざまな機能を持ったノードをこれらのあいだに挿入していくことで処理を行わせることになります。たとえば「スタート（メディア入力1）」→「処理1」→「処理2」→「処理3」→「ゴール（メディア出力1）」というような具合です。

自分で追加するノードは「メディア入力1」と「メディア出力1」の間に入れる

補足情報：「メディア入力1」はない場合もある

Fusionページでの作業は、必ずしも特定のビデオクリップをベースにして行われるわけではありません。たとえば、ビデオクリップではなく「テキスト+」をベースにして処理を行うケースもありますし、何もベースにせずに処理を一から構築する場合もあります。そのため、「メディア入力1」は必ずあるわけではありません。一方、「メディア出力1」はないと他のページで何も表示されなくなりますので基本的には常に存在します。

ノードをドラッグして動かしてみよう

　すべてのノードは、ドラッグして自由な位置に配置できます。ここでは、ノードを実際に移動させてみて、ノードに起きる変化を確認します。また、いくつかの重要な専門用語も登場しますので、ここで覚えておいてください。

1 「メディア入力1」と「メディア出力1」のノードをドラッグして移動させる

どちらからでもかまいませんので、「メディア入力1」と「メディア出力1」のノードをドラッグして位置を変えてみてください。ノードエディター上の自由な位置に移動できることが確認できます。

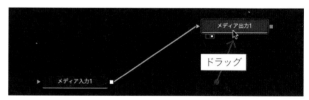

ノードは好きな位置に移動できる

用語解説：ノードエディター

Fusionページ下部にあるノードが配置されている領域のことをノードエディターと言います。

---

2 「メディア入力1」と「メディア出力1」をノードエディターの中央付近に移動させる

「メディア入力1」と「メディア出力1」をノードエディターの中央付近に移動させ、両方を近い位置に配置してください。

2つのノードを中央付近に移動させる

3 「メディア出力1」をドラッグして「メディア入力1」のまわりを一周させてみる

「メディア出力1」をドラッグして、「メディア入力1」の周りをぐるっと一周させてみてください。両ノードとも、接続線がつながれている位置が変化することが確認できます。

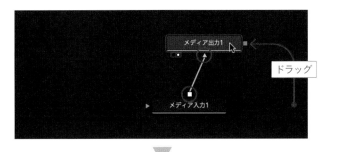

用語解説：接続線

ノードとノードをつなぐ線は接続線と呼ばれています。

このように、ノードのまわりにある▲と■の位置は、ノード同士の位置関係によって適切に変化します。移動させたノードの位置によって接続状態がわからなくなってしまうようなことは基本的にありません。

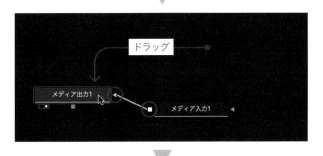

用語解説：ノット

ノードの周囲に表示される小さな▲や■のことをノット（knot）と言います。ノードの接続線は、あるノードのノットから、別のノードのノットへと接続されます。ノットとは、日本語で言えばコブや節、結び目などのことです。

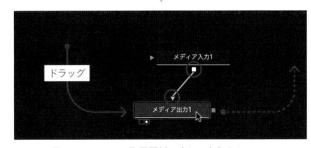

▲と■の位置は、ノードの位置関係に応じて変化する

ノードの接続線の消し方とつなぎ方

　ノットの形状には、▲と■の2種類があります。▲はノードへの入口をあらわし、■はノードからの出口をあらわしています。入口は▲なので、それに接続線がつながると矢印のように見え、処理の方向が直感的にわかるようになっています。1つのノードに対して、入口の▲は複数ある場合もありますが、出口の■は常に1つしかありません。ノードとノードを接続する際には、あるノードの出口から別のノードの入口へと接続します（実際には入口から出口へも接続できます）。

ノットの形状には▲と■の2種類がある

▶ 接続線の消し方

入口の▲をドラッグして、ノードエ
ディター内の何もない領域にドロッ
プすると接続線が消えます。

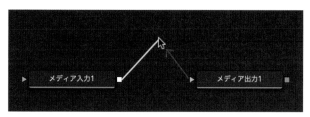

▲をドラッグして何もないところにドロップすると線が消える

▶ 接続線のつなぎ方

出口の■をドラッグして、別のノー
ドの入口の▲上にドロップすると接
続線でつながります。

■をドラッグして▲にドロップすると接続される

ヒント：ドロップ先はノードの本体でもOK
ドロップ先は必ずしも入口の▲である必要はなく、ノードの四角い領域内であれば接続されます。

ヒント：逆方向でも接続可能
入口の▲から出口の■（もしくはノードの四角い領域内）にドロップしても接続されます。

ノードの挿入方法A：接続線を1つずつ操作

「メディア入力1」と「メディア出力1」のあいだにノードを挿入する基本的な方法は3
つあります。ここでは、それらをA・B・Cに分けて順に説明していきます。

1 「メディア入力1」と「メディア出力1」だけがある状態にする

はじめに、Fusionページのノードエディター上に「メディア入力1」と「メディア出力1」
だけがあり、それらが接続線でつながれている状態にします。Fusionページで開くクリッ
プはなんでもかまいません。

2 ツールバーから「ブラー」をドラッグしてノードエディターに配置する

ツールバーの左から8番目にあるブラーのアイコンをドラッグして、ノードエディター内で
マウスボタンから指を離すと、ブラーのノードが配置されます。

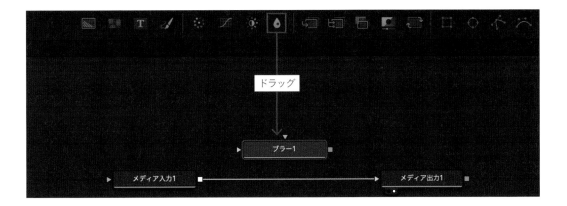

用語解説：ツールバー

ノードエディターのすぐ上には、横一列にさまざまなアイコンが並んでいる領域があります。ここには、よく使われる
ノード（ツール）が分類ごとに並べられており、クリックやドラッグの操作で簡単にノードを追加できるようになって
います。これがFusionページのツールバーです。アイコンの上にマウスポインタを重ねると、そのノードの名前が表
示されます。

用語解説：ブラー

映像をぼかしたいときに使用するツールがブラーで
す。このノードを接続しただけではぼかしが適用さ
れた状態にはなりません。インスペクタでぼかしの
強度を上げることで、ぼやけた状態になります。

補足情報：ノードには自動的に連番が付けられる

ノードをノードエディターに配置すると、同じ種類のノー
ドでも区別ができるように自動的に連番が付けられ
ます。この連番付きの名前は、ノードを右クリックして
「名前を変更...」を選択することで変更できます。

---

3 「メディア出力1」の▲を「ブラー 1」の▲にドラッグする

「メディア出力1」の黄色の▲をドラッグして、
「ブラー 1」の黄色の▲の上でドロップしてくだ
さい。「メディア出力1」につながっていた接続
線が「ブラー 1」につなぎかえられます。

ヒント：接続線は一度消してからつないでもOK

ここでは接続線をつなぎかえていますが、接続線を消
してから新たな線でつないでも同じ状態にできます。

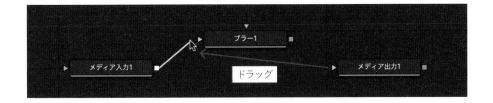

4 「ブラー 1」の■を「メディア出力1」の▲にドラッグする

「ブラー 1」の■をドラッグして、「メディア出力1」の▲の上でドロップしてください。これで「メディア入力1」と「メディア出力1」のあいだに「ブラー 1」が挿入された状態になります。ただし、映像にぼかしがかかった状態にはまだなっていません。

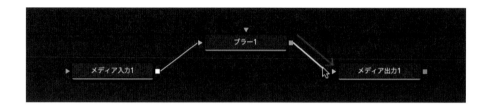

5 インスペクタの「Blur Size」でぼかし具合を調整する

「ブラー 1」をクリックして選択された状態にし、インスペクタの「Blur Size」の値を変更するとぼかし具合が調整できます。

ヒント：ノードを選択すると設定可能な項目がインスペクタに表示される

カットページやエディットページでクリップを選択すると、そのクリップの設定可能な項目がインスペクタに表示されます。それと同様に、Fusionページでノードを選択すると、そのノードで設定可能な項目がインスペクタに表示され調整できるようになります。

6 「Delete」または「Backspace」で「ブラー 1」を削除する

「ブラー 1」のノードが選択された状態のときに「Delete」キーまたは「Backspace」キーを押すと「ブラー 1」が削除されます（次に別の挿入方法の手順を説明しますので「ブラー 1」は一旦削除してください）。

ノードの挿入方法B：ノードを選択してクリック

次に、2回クリックするだけでノードが挿入できる方法を紹介します。

1 「メディア入力1」と「メディア出力1」だけがある状態にする

はじめに、Fusionページのノードエディター上に「メディア入力1」と「メディア出力1」
だけがあり、それらが接続線でつながれている状態にします。

2 「メディア入力1」をクリックして選択する

ノードエディター上の「メディア入力1」
をクリックして選択されている状態にし
ます。

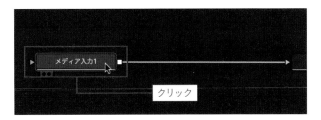

3 ツールバーの「ブラー」をクリックする

ツールバーの左から8番目にあるブラーのアイコンをクリックしてください。これだけで
「メディア入力1」と「メディア出力1」のあいだに「ブラー 1」が挿入された状態になります。

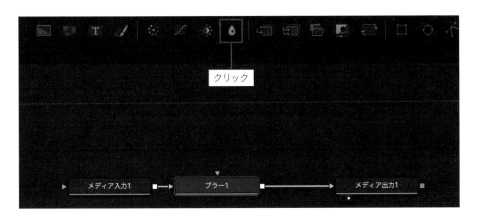

重要：クリックしたノードは選択中のノードの直後に挿入される

ツールバーのノードをクリックして追加する場合に限らず、ノードをクリックして追加すると、現在
選択されているノードの直後に挿入されます（後述するマスクは例外となります）。

4 「Delete」または「Backspace」で「ブラー 1」を削除する

次に別の挿入方法の手順を説明しますので、「ブラー 1」を選択した状態で「Delete」キー
または「Backspace」キーを押して「ブラー 1」を削除してください。

ノードの挿入方法C：[shift] キーを押しながら操作

　最後に、[shift] キーを使った挿入方法を紹介します。[shift] キーを使うと、接続線
はそのままで（接続線を消さずに）挿入済みのノードを線から外すこともできます。

1 「メディア入力1」と「メディア出力1」だけがある状態にする

はじめに、Fusionページのノードエディター上に「メディア入力1」と「メディア出力1」
だけがあり、それらが接続線でつながれている状態にします。

2 ツールバーの「ブラー」を接続線の上にドラッグ&ドロップする

ツールバーにあるブラーのアイコンをドラッグして接続線の上に持っていきます。接続線の
色が半分青で半分黄色の状態になったらそこでドロップしてください。「メディア入力1」
と「メディア出力1」のあいだに「ブラー 1」が挿入されます。

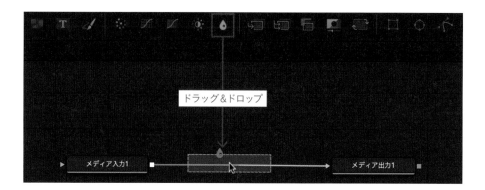

3 [shift] キーを押しながら「ブラー1」を移動させる

次に、挿入された「ブラー1」を [shift] キーを押しながらドラッグして移動させてみてください。この操作で「ブラー1」を接続線から外すことができます。

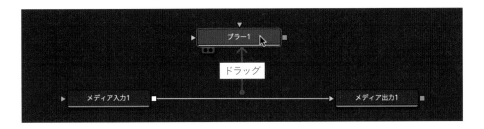

4 接続線の上に再度「ブラー1」をドラッグする

接続線から外した「ブラー1」をドラッグして接続線の上に持っていってみましょう。接続線の色は黄色のままで、半分青で半分黄色の状態にはならず、「ブラー1」を挿入できないことが確認できます。

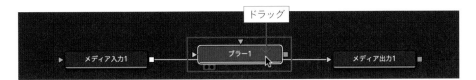

> **ヒント：ノードエディター内のノードはそのままでは挿入できない**
>
> ツールバーにあるノードは直接ドラッグして挿入できますが、いったんノードエディター内に配置したノードはそのままでは挿入できなくなります。

5 [shift] キーを押しながら接続線の上に「ブラー1」をドラッグする

今度は「ブラー1」を、[shift] キーを押しながらドラッグして接続線の上に持っていってみましょう。接続線の色が半分青で半分黄色の状態になり「ブラー1」が挿入できます。

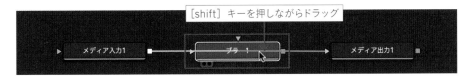

> **重要：[shift] キーを押すとノードの出し入れが自由にできる**
>
> 簡単に言えば、[shift] キーさえ押していれば、接続線に対してノードの出し入れが自由にできるということです。ツールバーにあるノードを直接ドラッグして挿入する際に [shift] キーを押していても問題なく挿入できます。

1-1-3

主要なノードの使い方を覚えよう

ここでは使用頻度の比較的高いノードのうち、使用方法がほかのノードとは異なる2種類のノードの役割と使い方について紹介します。

マスク（四角形ノード）の役割と使い方

Fusionページで映像にブラーノードを適用すると、映像全体がぼやけた状態になります。ここではブラーノードにマスクを適用して、映像の一部だけをぼかす方法について説明します。

用語解説：マスク

マスクとは、覆い隠すことを意味します。マスキングテープで余計な部分に塗料がつかないように保護するように、必要のない領域に処理が適用されないようにする目的で使用します。見方を変えれば、処理を適用する領域を限定させるということでもあります。さまざまな形状の領域をマスクできるようにするために、Fusionのマスクには四角形や楕円だけでなく、形状を自由に指定できる多角形やスプライン曲線なども用意されています。

---

1 「メディア入力1」と「メディア出力1」の間に「ブラー 1」が挿入されている状態にする

はじめに、Fusionページのノードエディター上に「メディア入力1」と「メディア出力1」があり、それらの間に「ブラー 1」が挿入済みの状態にします。

サンプルファイルの場所

使用可能な各種動画ファイル
→ samples/footages/

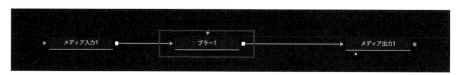

2 インスペクタの「Blur Size」を調整して映像をぼかす

「ブラー1」をクリックして選択し、インスペクタの「Blur Size」の値を大きくして映像をぼかします（このあとマスクをかけたときにブラーが適用されている領域とそうでない領域がハッキリ区別できる程度にぼかしてください）。

3 ツールバーの「四角形」をクリックする

ツールバーには、「四角形」「楕円形」「ポリゴン」「Bスプライン」「マルチポリ」という5種類のマスクのノードが用意されています。それぞれ四角形でマスクするノード、円形や楕円形でマスクするノード、クリックして指定した多角形でマスクの領域を指定するノード、スプライン曲線でマスクの領域を指定するノード、1つのノードで複数の多角形やスプライン曲線のマスクを扱えるノードとなっています。

「ブラー1」が選択されている状態のままで、ツールバーにある「四角形」をクリックしてください。

これによって「四角形1」の■が「ブラー1」の水色の▲に接続された状態になり、ブラーの適用されている領域が画面中央の長方形の領域だけになります。

> **重要：水色の▲はマスク専用**
>
> このように、水色の入り口はマスク専用の入り口です。マスク以外のノードであっても、水色の入り口に接続するとマスクとして処理されますので注意してください。

> **補足情報：ほかの接続方法も有効**
>
> ここではツールバーのアイコンをクリックすることでマスクを接続しましたが、マスクのノードをいったんノードエディター上に配置し、その■を「ブラー1」の水色の▲にドラッグして接続することもできます。接続する入り口の色が違うだけで、接続線のつなぎ方や外し方は同じです。

4 四角形の領域の位置や大きさを調整する

「四角形1」のノードが選択されていると、ビューア上にコントロール（緑や赤の線と矢印など）が表示され、マスクの位置や大きさをマウスで変更できます。また、インスペクタを使用すると位置（センター　X　Y）と大きさ（[幅] [高さ]）だけでなく角度や角の丸みも調整できます。マスクの輪郭をぼかしたい場合はソフトエッジで調整してください。

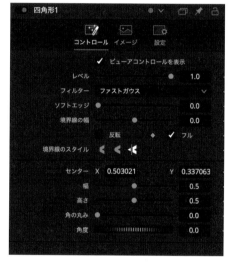

> **ヒント：コントロールを消したい**
>
> マスクのノードが選択されていない状態にすると、マスクのコントロールは消えます。また、ビューア右上の「…」をクリックして「コントロールを表示」のチェックを外すと、マスクのノードを選択していてもコントロールは表示されなくなります。

マージノードの役割と使い方

　ここでは、Fusionページで映像の上に画像やテキストなどを配置する際に必要となる、マージノードについて説明します。

1 「メディア入力1」と「メディア出力1」だけがある状態にする

はじめに、Fusionページのノードエディター上に「メディア入力1」と「メディア出力1」だけがあり、それらが接続線でつながっている状態にします。

2 矢印の画像をノードエディター上に配置する

Finderやエクスプローラーで背景が透明な矢印の画像
ファイルを表示させ、それを直接ノードエディター上に
ドラッグして配置します。矢印の画像は「メディア入力
2」という名前のノードになります。

サンプルファイルの場所

背景が透明な矢印の画像ファイル
→ samples/images/arrow.png

3 [shift] キーを押しながら接続線の上に矢印の画像をドラッグする

[shift] キーを押しながら「メディア入力2」をドラッグして接続線の上に持っていきます。
接続線の色が半分青で半分黄色の状態になったらドロップしてください。

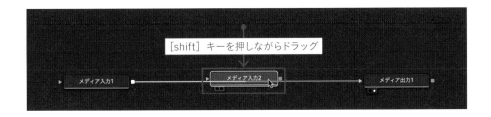

4 「マージ1」というノードがあらわれる

「マージ1」というノードがあらわれてドロップした位置に挿入された状態になります。そして「メディア入力2」は「マージ1」の緑色の▲に接続された状態になっています。

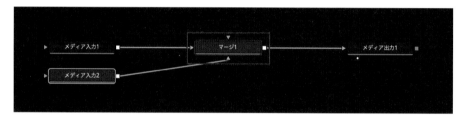

5 矢印の画像の位置や大きさを調整する

「マージ1」が選択されていると、ビューア上にコントロール（緑や赤の線など）が表示され、矢印の画像の位置や大きさをマウスで変更できます。また、インスペクタを使用すると位置（センター X　Y）とサイズだけでなく角度や透明度（ブレンド）なども調整できます。

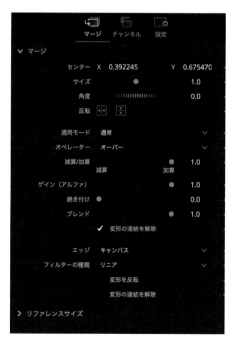

▶ マージノードについて

マージノードは、2つのメディア（映像・画像・テキストなど）を一緒に表示させたいときに使用するノードです。もう少し具体的に言うと、1つのメディアの上に別のメディアを重ねて表示させたいときに使います。

マージノードの緑色の▲に接続したメディアは前景（フォアグラウンド）となり手前に表示されるようになります。黄色の▲に接続したメディアは背景（バックグラウンド）となり奥に表示されます。どちらの色がどちらだったかわからなくなったときは、マージノードの▲の上にマウスポインタを重ねると「前景」または「後景」と表示されます（DaVinci Resolveでは「背景」ではなく「後景」という用語が使用されています）。

重要：緑色の▲は前景、黄色の▲は背景

マージノードの緑色の▲は前景、黄色の▲は背景の入力です。緑色の▲に接続したものは手前、黄色の▲に接続したものは奥に表示されます。

ヒント：マージノードはツールバーにもある

ツールバーの左から9番目のアイコンがマージノードです。はじめにマージノードだけを挿入し、あとから前景のメディアを接続することも可能です。

補足情報：マージノードで位置やサイズを変更できるのは前景のみ

マージノードは2つのメディアを一緒に表示させるノードですが、マージノードを選択した状態でビューアのコントロールやインスペクタで設定できるのは前景のメディアだけです。

ヒント：映像・画像・テキストのノードには黄色の▲がない

矢印の画像やテキスト＋のノードをノードエディターに配置してみるとわかるのですが、これらのノードには黄色の▲がありません。一方、ブラーノードやメディア出力のノードには黄色の▲があります。これは、黄色の▲があればそのノードは直列（「メディア入力」から入力して、「メディア出力」に出力する）で接続可能、黄色の▲がなければ直列で接続することはできない、ということを意味しています。

マージノードを自動的に出現させる別の方法

ここで、マージノードを自動的に出現させるために多くのDaVinci Resolveユーザーが行っている別の方法を紹介しておきましょう。今回は矢印の画像ではなく、「テキスト＋」を配置してみます。

1 「メディア入力1」と「メディア出力1」だけがある状態にする

Fusionページのノードエディター上に「メディア入力1」と「メディア出力1」だけがあり、それらが接続線でつながれている状態にします。

2 ツールバーの「テキスト+」をノードエディター上に配置する

ツールバーの左から3番目にある「テキスト+」をドラッグしてノードエディター上に配置します（まだ接続はしません）。

補足情報：「テキスト+」をクリックしてもマージノードがあらわれる

「メディア入力1」が選択されている状態でツールバーの「テキスト+」をクリックすると、自動的にマージノードが挿入されて、その前景に「テキスト+」が接続された状態になります（ここではそれとは別の方法を紹介します）。ノードが選択されていない場合は、「テキスト+」がノードエディター上に配置された状態となります。

---

3 「テキスト1」の■を「メディア入力1」の■にドラッグする

「テキスト1」の■をドラッグして、「メディア入力1」の■の上にドロップします。

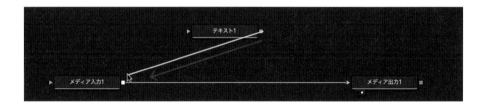

4 「マージ1」が挿入され、「テキスト1」が接続される

自動的にマージノードが挿入されて、その前景に「テキスト1」が接続された状態になります。

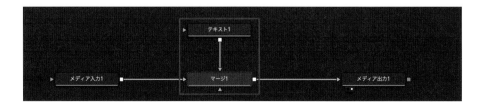

重要：前景の出口を背景の出口にドラッグ

この方法で自動的にマージノードを出現させた場合、ドラッグを開始した側のノード（テキスト+）が前景、ドロップされた側のノード（メディア入力1）は背景として接続されます。

ヒント：前景と背景を入れ替える　　キーボードショートカット

マージノードを選択した状態で［command（Ctrl）］＋［T］を押すと、前景と背景の接続線が入れ替わります（黄色だった▲と線が緑に、緑だった▲と線が黄色になります）。

ヒント：この方法だと前景のノードの位置が　　変わらない

他の方法でマージノードを自動的に出現させた場合、前景のノードは「メディア入力1」の下などに移動してしまいます。しかし、出口を出口に重ねるこの方法では、前景のノードの位置は変化しません。

出口は1つでも接続線は複数出せる

　ノードには出口は1つしかありませんが、1つの出口から複数の接続線を出すことは可能です。ここでは、1つの矢印の画像を使って、複数の矢印を表示させてみましょう。

1 「メディア入力1」と「メディア出力1」だけがある状態にする

はじめに、Fusionページのノードエディター上に「メディア入力1」と「メディア出力1」だけがあり、それらが接続線でつながれている状態にします。

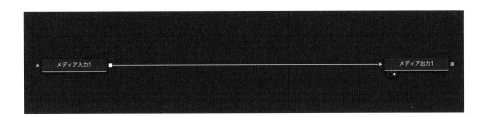

2 「メディア入力1」をクリックして選択する

ノードエディター上の「メディア入力1」をクリックして選択されている状態にします。

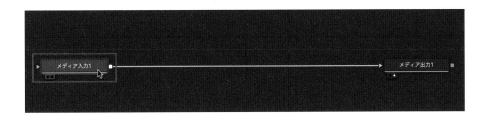

3　ツールバーの「マージ」を3回クリックする

ツールバーの左から9番目にある「マージ」のアイコンを3回クリックします。

4　「マージ」が3つ挿入される

「メディア入力1」と「メディア出力1」のあいだに「マージ」が3つ挿入されます。

補足情報：クリックすると選択中のノードの直後に挿入される

「メディア入力1」が選択されている状態で1回目のクリックをすると、「マージ1」が挿入されてその「マージ1」が選択されている状態になります。その状態で2回目のクリックをすると、「マージ2」が挿入されてその「マージ2」が選択されている状態になります。その状態で3回目のクリックをすると、「マージ3」が挿入される、というように3つのマージノードが連続して挿入されます。

5　矢印の画像をノードエディター上に配置する

Finderやエクスプローラーで背景が透明な矢印の画像ファイルを表示させ、それを直接ノードエディター上にドラッグして配置します。矢印の画像は「メディア入力2」という名前のノードになります。

サンプルファイルの場所

背景が透明な矢印の画像ファイル
→ samples/images/arrow.png

6 「メディア入力2」の■を「マージ1」にドラッグする

「メディア入力2」の■を「マージ1」のノードにドラッグすると緑色の▲に接続され、ビューーアに矢印が表示されます。

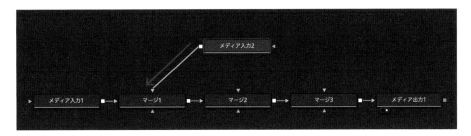

7 「マージ1」をクリックしてビューア上の矢印を移動させる

「マージ1」をクリックして選択し、ビューア上に表示されたコントロールを操作して矢印を移動させてください。場所はどこでもかまいません（次に表示させる矢印も同じ位置に表示されますので重ならないように移動させておきます）。

8 「メディア入力2」の■を「マージ2」にドラッグする

「メディア入力2」の■を、今度は「マージ2」のノードにドラッグしてください。ビューア
に2つめの矢印が表示されます。

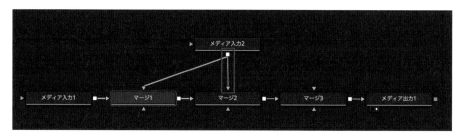

9 「マージ2」をクリックしてビューア上の矢印を移動させる

「マージ2」をクリックして選択し、ビューア上に表示されたコントロールを操作して矢印
を移動させてください。

10 「メディア入力2」の■を「マージ3」にドラッグする

「メディア入力2」の■を、今度は「マージ3」のノードにドラッグしてください。ビューア
に3つめの矢印が表示されます。

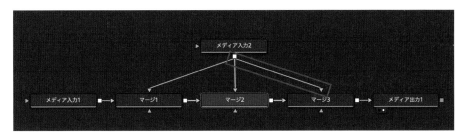

> **補足情報：3つの矢印はそれぞれ個別に設定できる**
>
> このようにして表示させた矢印は、マージノードを選択して表示されるビューア上のコントロールや
> インスペクタで個別に位置やサイズ、角度などを設定できます。後述するキーフレームを使えば、
> それらを個別に動かすことも可能です。

マージノードで背景を表示させマスクする

　Fusionページのノードの中には、映像全体を覆う大きさの背景のノードも用意されてい
ます。背景は単色もしくはグラデーションで塗りつぶすことができ、透明または半透明に
することも可能です。ここでは、マージノードを使って背景を表示させ、さらにマスクを
適用して背景を円形にしてみましょう。

> **補足情報：背景で図形を作成できる**
>
> 背景にマスクを適用することで、四角形や円形などの図形を簡単に作成することができます。しか
> し DaVinci Resolve 17 以降では図形を作るための専用のノード（シェイプ）が追加されており、
> 四角形や円形のほか星形などの図形も簡単に作成・加工できるようになっています。シェイプの使
> い方について「3-1-2 図形（シェイプ）」で説明します。

1 「メディア入力1」と「メディア出力1」だけがある状態にする

Fusionページのノードエディター上に「メディア入力1」と「メディア出力1」だけがあり、
それらが接続線でつながれている状態にします。

2 ツールバーの「背景」をノードエディター上に配置する

ツールバーの一番左にある「背景」をドラッグしてノードエディター上に配置します（まだ
接続はしません）。

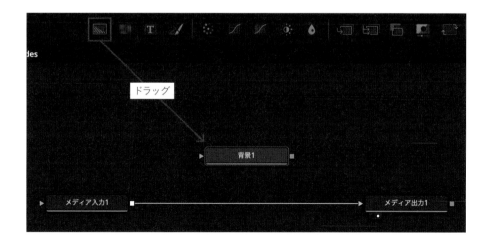

3 「背景1」の■を「メディア入力1」の■にドラッグする

「背景1」の■をドラッグして、「メディア入力1」の■の上にドロップしてください。マージノードが挿入されて、その前景に「背景1」が接続された状態になります。

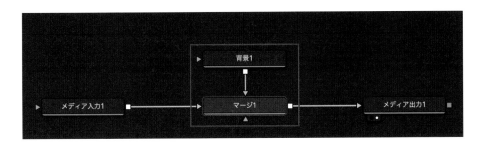

> **補足情報：背景の初期状態の色は黒**
>
> 映像が真っ黒になりましたが、これは映像全体を覆っている背景の色が黒になっているからです。この背景はマージノードの前景として接続されていますので、映像の上に黒い背景が重なった状態になっています。

4 「背景」の色を変える

背景ノードを選択した状態で、インスペクタで背景の色を変更してください（この例では白にしていますが何色でもかまいません）。

5 ツールバーの「楕円形」をクリックする

背景ノードが選択されている状態のままで、ツールバーにある「楕円形」をクリックしてください。「楕円形1」の■が「背景1」の水色の▲に接続され、背景が円形になります。

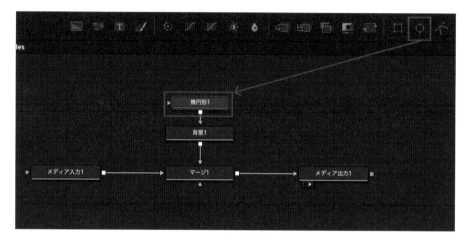

6 楕円形の領域の位置や大きさを調整する

楕円形ノードを選択した状態で、ビューア上のコントロールもしくはインスペクタで円形の
大きさや位置を調整してみてください。

自分でノードを組み合わせてみよう

ノードの基本的な操作方法がわかり、主要なノードの使い方も覚えました。ここでは、それらの知識を使って自分で考えてノードを組み合わせてみましょう。

【課題】自分でノードを組み合わせてみよう

　Fusionページで任意の映像を開き、それを次のように加工してみてください。各パーツの色や位置、サイズ、テキストの内容などは自由です。これができれば、ノードの基本操作はマスターできていると考えられます。

1. 映像全体がぼやけている状態にする
2. 映像の上にテキストを表示させる
3. テキストに長方形の背景を表示させる

【答え】課題のノードの組み合わせの例

　ノードの接続方法などに関してはいくつかの方法がありますが、Part 1で学んだ知識で課題のノードを組み合わせるとすれば、おおよそ次のようになると思われます。

1　Fusionページを開く

カットページまたはエディットページで、タイムライン上の任意のクリップの上に再生ヘッドを置き、Fusionページに移動します。

2 ツールバーの「ブラー」をクリックする

Fusionページが開くと、「メディア入力1」が選択された状態になっています（「メディア入力1」が選択された状態になっていない場合はクリックして選択してください）。ツールバーの「ブラー」をクリックすると、「メディア入力1」の直後に「ブラー1」が挿入されます。

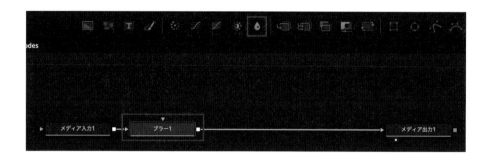

3 インスペクタの「Blur Size」でぼかし具合を調整する

「ブラー1」が選択された状態になっていますので、インスペクタの「Blur Size」を調整して映像全体がぼやけている状態にします。

4 ツールバーの「テキスト+」をクリックする

「ブラー1」が選択された状態のままでツールバーの「テキスト+」をクリックすると、「ブラー1」の直後に「マージ1」が追加され、その緑色の▲に「テキスト1」が接続された状態になります。

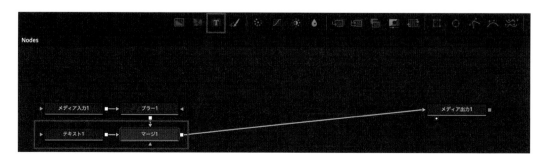

5　追加されたノードの位置を調整する

4 の操作で追加された「テキスト1」と「マージ1」のノードの位置を「メディア出力1」の近くに移動させて位置を整えます（このあと「ブラー1」と「マージ1」の間にノードを挿入しますので間隔を空けます）。

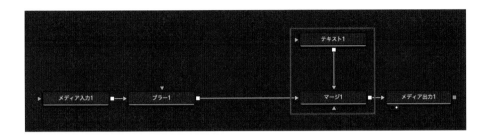

6　テキストを入力する

ノードエディター上の「テキスト1」を選択し、インスペクタのテキスト入力欄に任意の文字を入力します。

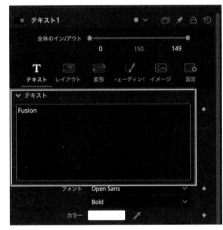

7　ツールバーの「背景」をノードエディター上に配置する

ツールバーの一番左にある「背景」をドラッグしてノードエディター上に配置します。

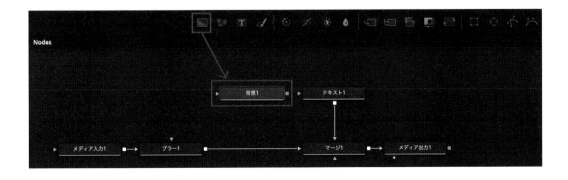

8 「背景1」の■を「ブラー 1」の■に ドラッグする

「背景1」の■をドラッグして、「ブラー 1」の■の上にドロップしてください。マージノードが挿入されて、その前景に「背景1」が接続された状態になります。

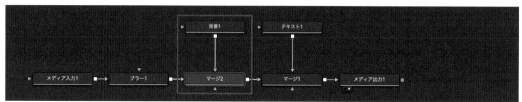

9 ツールバーの「四角形」を クリックする

「背景1」をクリックして選択し、ツールバーにある「四角形」をクリックします。「四角形1」の■が「背景1」の水色の▲に接続され、背景がマスクされます。

10 各パーツの色や大きさなどを調整する

インスペクタでテキストのフォントサイズ、文字色、背景の色や大きさなどを調整すると完成です。

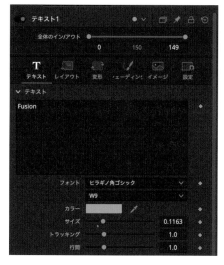

Part **2**

Fusionの基本

2-1

【必修】Fusionの基本操作1

Part 1ではノードの基本的な操作方法を学習しました。しかし、これからFusionページで効率よく作業していくためには、最低限知っておくべきことがもう少しあります。ここでは、Fusionコンポジションという用語の意味とその扱い方、ノードに関するもう少し詳しい操作方法、ビューアの各種操作方法について解説します。

Fusionコンポジション

DaVinci Resolveでは、Fusionページで作成したもののことを「Fusionコンポジション」と呼びます。ここではFusionコンポジションの新規作成方法や開き方、リセットの方法などについて解説します。

Fusionコンポジションとは?

Fusionコンポジションの「コンポジション (composition)」には 「組み合わせたもの」という意味があります。Fusionコンポジションとは、簡単に言えばFusionページでノードを組み合わせて作成したもののことを言います。よりわかりやすく言えば、Fusionページを開いてそこで作成しているもの全体が1つの「Fusionコンポジション」ということになります。

エディットページやカットページのタイムラインにあるクリップのうち、Fusionページで開いて手を加えたものは「Fusionコンポジション」であると言えます。また、DaVinci Resolveでは「Fusionページで作業するための内容が空のクリップ」も用意されており、それもFusionコンポジションと呼ばれています。

タイムラインのクリップをFusionページで開く

タイムライン上にある特定のクリップをFusionページで開く主な方法は2つあります。

▶ 再生ヘッドの位置のクリップを開く

カットページやエディットページからFusionページへ移動すると、タイムライン上で再生ヘッドのあった位置のクリップが「メディア入力1」となり、「メディア出力1」と接続された状態で表示されます。再生ヘッドの位置に複数のクリップがあった場合は、より上のトラックにあるクリップが「メディア入力1」となります。

> **補足情報:Fairlightページやデリバーページからも同様に開ける**
>
> タイムラインのあるFairlightページやデリバーページからFusionページに移動した場合でも、同様に再生ヘッドのあった位置のクリップが「メディア入力1」となります。カラーページからFusionページに移動した場合は、選択されていたクリップが「メディア入力1」となります。

▶ クリップを右クリックして開く

エディットページでは、タイムライン上のクリップを右クリックして「Fusionページ
で開く」を選択することで、そのクリップを「メディア入力1」にしてFusionページ
を開くことができます。

ヒント：「テキスト+」やエフェクトはインスペクタから開ける

「テキスト+」やエフェクトなど、もともとFusionの機能であるものやFusionで作られたエフェ
クト類のインスペクタの右上には、Fusionページで開くためのボタンが用意されています。
これをクリックすることでFusionページで開くことができ、エフェクトなどはカスタマイズす
ることも可能です。

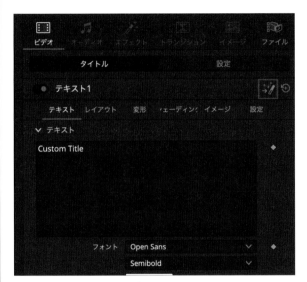

Fusionページで開くためのボタン

エフェクトの中の空のFusionコンポジションを使用する

カットページやエディットページのエフェクトライブラリには、内容が空の（「メディア
出力1」しか入っていない）Fusionコンポジションが用意されています。これを直接タイ
ムラインに配置して使用することができます。Fusionページでの開き方は、一般的なク
リップと同じです（ただし、メディア入力1はない状態で開きます）。

内容が空のFusionコンポジションは、次の場所に格納されています。

ページ	格納場所
カットページ	エフェクト→ビデオ→エフェクト→Fusionコンポジション
エディットページ	エフェクト→ツールボックス→エフェクト→Fusionコンポジション

エディットページの「Fusionコンポジション」の格納場所

補足情報：エフェクトのFusionコンポジションの
長さは5秒

エフェクトの中にある内容が空のFusionコンポジションの長さは初期状態では5秒となっています。この初期状態の長さは、環境設定の中の「ユーザー」→「編集」→「標準ジェネレーターの長さ」で変更できます。

メディアプールでFusionコンポジションを新規作成する

エディットページのメディアプールの何もない領域を右クリックして「新規Fusionコンポジション」を選択することで、メディアプール内でFusionコンポジションのクリップを新規に作成できます。作成の際には「開始タイムコード」「長さ」「クリップ名」「フレームレート」を選択することができます。この操作で作成されるFusionコンポジションのクリップは、内容が空の（「メディア出力1」しか入っていない）状態となっています。

「新規Fusionコンポジション」を選択すると表示されるダイアログ

メディアプール内のFusionコンポジションをFusionページで開くには、クリップをダブルクリックするか、右クリックして「Fusionページで開く」を選択してください。作成したFusionコンポジションは、タイムラインに配置して使用できます。

複数のクリップを1つのFusionコンポジションに変換する

　エディットページのタイムラインで複数（1つ以上）のクリップを選択し、そのうちの
いずれかのクリップを右クリックして「新規Fusionクリップ...」を選択すると、複数の
クリップは1つのFusionコンポジションに変換され、タイムライン上で置き換えられた状
態となります。

複数のクリップを「新規Fusionクリップ...」にすると……

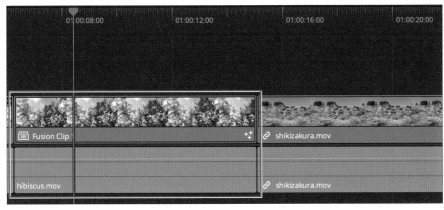

1つのFusionコンポジションのクリップになる

　変換されたFusionコンポジションをFusionページで開くと、最初に選択した複数のク
リップはマージノードで合成済みの状態となっています。

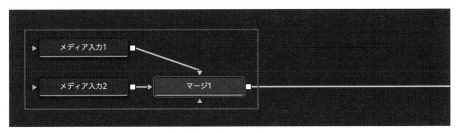

Fusionページで開くとマージノードで合成済みとなっている

2-1　【必修】Fusionの基本操作1　　049

「新規Fusionクリップ...」で変換されたクリップは、素材の元の解像度は維持されずにタイムラインの解像度になってしまう点に注意してください（たとえば素材が4Kであっても、タイムラインの解像度がフルHDであればフルHDに変換されます）。また、クリップを拡大するなどしてタイムラインで表示されていなかった領域はFusionページでは消えて無くなり、そのクリップのイン点とアウト点の外側の映像も使用できなくなります。クリップを元の素材の状態のままで扱いたい場合は、「新規Fusionクリップ...」で変換しないで使用してください。Fusionページのメディアプールから素材を追加すると、元の状態のままで使用できます。

ただし、逆にタイムラインの解像度に変換されても問題がなく、イン点とアウト点の外側の映像は使わないような場合は、「新規Fusionクリップ...」に変換することで処理を軽くして扱いやすくすることができます。

Fusionコンポジションをリセットする

Fusionコンポジションを初期状態に戻すには、エディットページのタイムラインでFusionコンポジションを右クリックして「Fusionコンポジションをリセット...」を選択するか、Fusionページで開いた状態で「Fusion」メニューから「コンポジションをリセット」を選択してください。いずれの場合も確認のダイアログが表示され、そこで「リセット」を選択するとFusionコンポジションがリセットされます。

補足情報：1つにしたFusionクリップを複数クリップに戻すには？

「新規Fusionクリップ...」で1つにしたクリップを右クリックして「タイムラインで開く」を選択することで、タイムライン上にそのクリップだけを元の複数クリップの状態で表示できます。タイムラインを1つにしたFusionクリップに戻すには、メディアプールにあるタイムラインをダブルクリックするか、ビューアの上部にあるタイムラインメニューでタイムラインを選択してください。

ノード

ツールバーにあるノードはノード全体のほんの一部です。ここでは目的のノードを見つけるためのいくつかの方法と、覚えておくと便利なノードに関連する操作方法について解説します。

目的のノードを探して追加する

　Fusionページでは300種類以上のノードが用意されており、そのうちツールバーにあるのは28のノードだけです。ここでは、ツールバーにないノードを探してノードエディター上に追加する4種類の方法を紹介します。

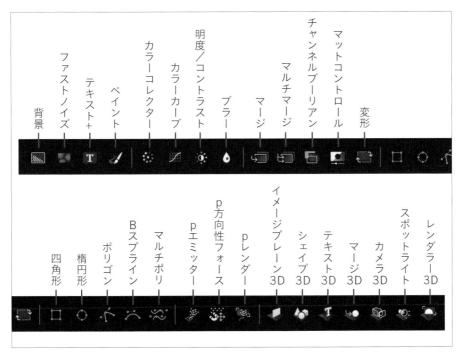

ツールバーにある28のノード

ヒント：ノードが選択されているかどうかで結果が変わる

ノードを追加する際、ノードエディターに配置されているノードのどれかが選択されていると、選択されているノードの直後に挿入されます（接続された状態になります）。ノードエディター上のどのノードも選択されていない場合は、どのノードにも接続されていない状態で追加されます。ただしマスクのノードを追加する場合は例外で、ノードが選択されていれば、そのノードの水色の▲に接続されます。

▶ エフェクトから追加する

Fusionページの「エフェクト（エフェクトライブラリ）」の「Tools」の中には、すべてのノードがカテゴリー別に分類されて収められています。この中から目的のノードを探して、それをクリックまたはドラッグすることでノードを追加できます。

「エフェクト」の「Tools」の中にすべてのノードがある

▶ 何もない領域を右クリックして「ツールを追加」

ノードエディターの何もない領域を右クリックして「ツールを追加」を選択することで、カテゴリー別に分類されたコンテクストメニューからノードを選択して追加できます。

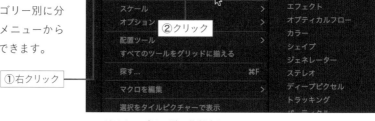

ノードはカテゴリー別に分類されている

▶ ノードを右クリックして「ツールを挿入」

ノードエディター上のノードを右クリックして「ツールを挿入」を選択することで、カテゴリー別に分類されたコンテクストメニューからノードを選択して追加できます。選択したノードは、右クリックしたノードの直後に挿入されます。

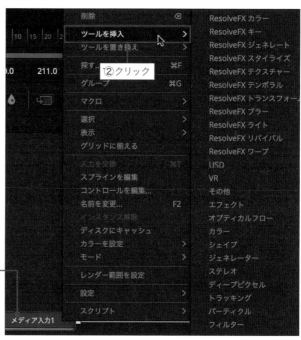

ノードのコンテクストメニューからも挿入できる

● [shift] + [スペース] で追加する

[shift] キーと [スペース] キーを同時に押すと「ツールを選択」と書かれたダイアログが表示されます。このダイアログではすべてのノードの一覧をスクロールして見ることができ、その中からノードを選択して「追加」ボタンを押すことでノードを追加できます（[return] キーや [enter] キーを押しても追加されます）。

追加するノードの名前がわかっている場合は、ダイアログ下部にあるテキスト入力欄にその一部を入力すると、そのテキストを名前に含むノードだけが一覧表示されます。

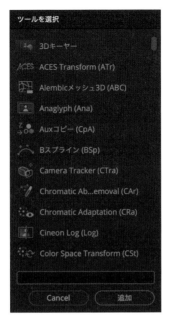

「ツールを選択」ダイアログ

テキスト入力欄に入力したところ

ヒント：( ) 内の省略名でも検索できる

一覧表示されているノードの中には、名前の直後の ( ) 内に2〜4文字程度の省略名の添えられているものもあります。ノードの絞り込みにはこの省略名も使用できますので、よく使用するノードは省略名を覚えておくと便利です。

ノードの接続線を消す

ここでは、Part 1で説明した方法も含めて、ノードの接続線を消す3種類の方法を紹介します。

● ▲をドラッグして何もない領域でドロップ

接続線が接続済みの▲をドラッグして、ノードエディター内の何もない領域でドロップすると接続線が消えます。

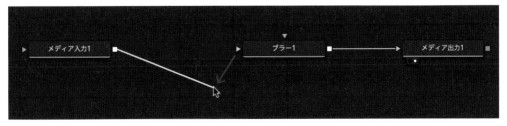

何もない領域でドロップして消す

▶ **接続線の入口側の半分をクリック**

接続線の上にポインタをのせると、接続線のポインタがのっている側の半分が青になり、反対側の半分が黄色になります。入口側の半分を青くした状態で接続線をクリックすると接続線は消えます。

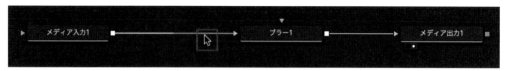

入口側の半分をクリックして消す

▶ **接続線の出口側の半分をダブルクリック**

出口側の半分を青くした状態で接続線をクリックしても線は消えませんが、ダブルクリックすると線は消えます。

出口側の半分をダブルクリックして消す

ヒント：とにかくダブルクリックすれば消える

入口側か出口側にかかわらず、接続線が青と黄色になっている状態でダブルクリックをすれば線は消えます。

ノードの位置をグリッドに揃える

　Fusionページの初期状態では、ノードはノードエディター内の自由な位置に配置できるようになっています。しかしノードエディターにはグリッド（マス目）があり、ノードはそれに揃えることも可能です。ノードをグリッドに揃えるには、ノードの動きをグリッド上だけに制限する方法と、すでに配置したノードを最も近いグリッドの位置に移動（スナップ）させる方法の2種類があります。

▶ **ノードの動きをグリッド上だけに制限する**

ノードエディター内のノード以外の部分を右クリックして、「配置ツール」→「グリッド」を選択してください。それ以降、ノードの動きはグリッド上だけに制限されます。

▶ **すでに配置したノードをグリッドに揃える1（すべてのノード）**

ノードエディター内のノード以外の部分を右クリックして、「すべてのツールをグリッドに揃える」を選択してください。この操作だけで、すべてのノードがグリッドに揃えられます。

すでに配置したノードをグリッドに揃える2（選択したノードのみ）

はじめに、グリッドに揃えたいノードだけをドラッグするなどして選択しておきます。選択済みのノードのどれかを右クリックして「グリッドに揃える」を選択すると、選択済みのノードだけがグリッドに揃えられます。

> **補足情報：複数のノードを1つずつ選択するには？**
>
> 最初のノードをクリックして選択したあと、Macの場合は [command] キー、Windowsの場合は [Ctrl] キーを押しながらクリックすると、そのノードを追加できます。

ノードエディターのスクロールと拡大・縮小

ノードエディターに配置したノードの数が増えてくると、その一部が見えない状態になることもあります。ここでは、ノードエディターを任意の方向にスクロールさせる方法と、ノードエディター自体を拡大・縮小する方法を紹介します。

ノードエディターを任意の方向にスクロールさせる

ノードエディターを任意の方向にスクロールさせるには、次のいずれかの操作を行ってください。

- マウスでスクロールの操作を行う
- トラックパッド上で二本の指でドラッグする
- [shift] + [command (Ctrl)] キーを押しながらドラッグする
- マウスの中ボタンを押しながらドラッグする

ノードエディターを拡大・縮小する

ノードエディターを拡大・縮小するには、次のいずれかの操作を行ってください。

- [command (Ctrl)] キーを押しながらマウスでスクロールの操作を行う
- [command (Ctrl)] キーを押しながらトラックパッド上で二本の指でドラッグする
- ノードエディター内の何もない領域を右クリックして「スケール」のサブメニューを選択する
- マウスの左ボタンと中ボタンを押しながらドラッグする

ノードナビゲーターの使い方

ノードナビゲーターは、ノードエディターの右上隅に表示されるナビゲーションツールです。ノードナビゲーターを表示させることでノードエディターの全体像が確認でき、それを見ながらノードエディターの見える範囲を自由に変更することができます。

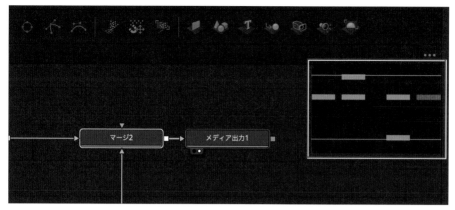

ノードエディターの右上に表示されるノードナビゲーター

　ノードナビゲーターは、ノードエディターのノードのある範囲全体を縮小表示していま
す。ノードナビゲーター内の白っぽい枠線は「ノードエディターの見えている領域」をあ
らわしており、これをドラッグすることで見える範囲を自由に変更できます。

　初期状態では、ノードナビゲーターは表示されていないノードがあると自動的に表示さ
れ、すべてのノードが表示されると自動的に消えるようになっています。

▶ ノードナビゲーターの表示・非表示を自動で切り替える

ノードナビゲーターの表示・非表示が自動的に切り替わるようにするには、ノードエ
ディター内の何もない領域を右クリックして「オプション」→「自動ナビゲーター」
を選択してください。

▶ ノードナビゲーターの表示・非表示を手動で切り替える

ノードナビゲーターを手動で表示させるには、ノードエディター内の何もない領域を
右クリックして「オプション」→「ナビゲーターを表示」をチェックしてください。
このチェックを外すことで手動でノードナビゲーターを消すことができます。
また、[V] キーを押すことでノードナビゲーターの表示・非表示を切り替えることも
できます。

▶ ノードナビゲーターのサイズを変更する

ノードナビゲーターのサイズを変更するには、ノードナビゲーターの左下の角をド
ラッグしてください。

▶ ノードナビゲーターのサイズを元に戻す

ノードナビゲーターのサイズを元に戻すには、ノードナビゲーター内を右クリックし
て「Reset Size」を選択してください。

ビューア

Fusionページでは1つまたは2つのビューアを表示させることができ、それぞれに任意のノード（そのノードの段階での状態）を表示させることができます。ここでは、表示させるビューアの数を変更する方法と任意のノードをビューアに表示させる方法などについて解説します。

デュアルとシングルの切り替え

エディットページと同様に、Fusionページでもデュアルビューア（ビューアを2つ表示）とシングルビューア（大きなビューアを1つだけ表示）の切り替えができます。デュアルとシングルを切り替えるには、ビューアの右上にある次のボタンをクリックしてください。クリックするたびにデュアルとシングルが切り替わり、ボタンのアイコンも変化します（デュアルビューアのときは横長の長方形が1つのアイコン、シングルビューアのときは縦長の長方形が2つのアイコンになります）。

デュアルビューアのときにシングルビューアに切り替えるボタン

シングルビューアのときにデュアルビューアに切り替えるボタン

ノードをビューアに表示させる

初期状態では、Fusionページのビューアはデュアルビューアになっており、右側のビューアに「メディア出力1」ノードが表示され、左側のビューアには何も表示されていない状態となります。それぞれのビューアに別のノードを表示させたい場合には、次のように操作してください。

補足情報：ビューア1とビューア2

デュアルビューアの状態で左側にあるのがビューア1、右側にあるのがビューア2です。Fusionページではビューア2が主ビューアとなっており、シングルビューアのときにはビューア2だけが表示されている状態となります。したがって、シングルビューアのときにビューア1に表示させようとしても何も表示されません。

補足情報：ノードの左下の［●○］について

「メディア出力1」ノードの左下には、初期状態で［●○］が表示されています。これは、「メディア出力1」が右側のビューア（ビューア2）に表示されていることをあらわしています。つまり、白い○は現在そのノードがビューアに表示されていることをあらわしており、それがどちら側であるのかも示しています。

ビューア（デュアルビューア状態）

▶ ノードの左下の2つのボタンで表示させる

ノードの上にポインタを重ねると、ノードの左下に小
さな●が2つ表示されます。この左側の●をクリック
して白くすると、そのノードが左側のビューアに表示
されます。同様に右側の●をクリックして白くすると、
そのノードが右側のビューアに表示されます。
白い○をクリックして黒くすることで、ビューアから
消すこともできます。

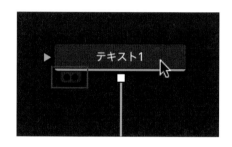

▶ ノードをビューアに直接ドラッグする

表示させたい側のビューアにノードを直接ドラッグして表示させることができます。

▶ ノードを選択し [1] または [2] を押す

ノードをクリックして選択した状態にし、[1] キーを押すことでビューア1に、[2]
キーを押すことでビューア2に表示させることができます。
ビューアにすでに表示されている状態でその側のキーを押すことで消すこともできま
す。

▶ ノードのコンテクストメニューで表示させる

ノードを右クリックしてコン
テクストメニューを表示させ、
「表示」→「なし／LeftView
／RightView」のいずれかを
選択することで表示させたり
消すことができます。

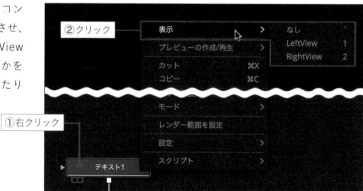

◉ インスペクタのコンテクストメニューで表示させる

ノードをクリックして選択した状態にし、インスペクタのヘッダー領域を右クリックしてコンテクストメニューを表示させ、「表示」→「なし／ LeftView ／ RightView」のいずれかを選択することで表示させたり消すことができます。

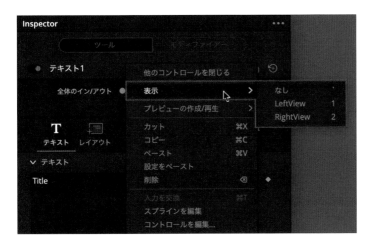

ビューアのスクロールと拡大・縮小

ビューアを任意の方向にスクロールさせたり拡大・縮小するには次のように操作してください。

◉ ビューアを任意の方向にスクロールさせる

ビューアを任意の方向にスクロールさせるには、次のいずれかの操作を行ってください。

・マウスでスクロールの操作を行う
・トラックパッド上で二本の指でドラッグする
・[shift] + [command（Ctrl）]キーを押しながらドラッグする
・マウスの中ボタンを押しながらドラッグする

◉ ビューアを拡大・縮小する

ビューアを拡大・縮小するには、次のいずれかの操作を行ってください。

・ビューアの上の左端のメニューで拡大・縮小する
・[command（Ctrl）]キーを押しながらマウスでスクロールの操作を行う
・[command（Ctrl）]キーを押しながらトラックパッド上で二本の指でドラッグする
・ビューアをクリックして選択し、[command（Ctrl）] + [1]で100%にする
・ビューアをクリックして選択し、[command（Ctrl）] + [2]で200%にする
・ビューアをクリックして選択し、[command（Ctrl）] + [F]でビューアのサイズに
　合わせる

・ビューアをクリックして選択し、[=] キーで拡大、[-] キーで縮小する

・ビューア内を右クリックして「スケール」のサブメニューを選択する

・マウスの左ボタンと中ボタンを押しながらドラッグする

・マウスの中ボタンを押した状態で、左ボタンを押して拡大、右ボタンを押して縮小する

ビューア上のコントロールの表示・非表示

　ビューア上に表示されるコントロールの表示・非表示を切り替えるには、次のいずれかの操作を行ってください。

・ビューアの上の右端にある「…」メニューで「コントロールを表示」を選択する

・ビューア内を右クリックして「オプション」→「コントロールを表示」を選択する

・ビューアをクリックして選択し、[command（Ctrl）] + [K] を押す

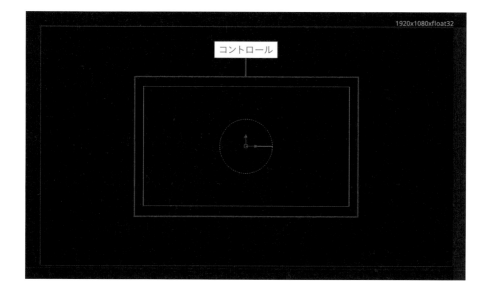

Part **2**

Fusionの基本

2-2

【初級】Fusionの基本操作2

1-1と2-1ではFusionコンポジションを作成するにあたって必須の知識と操作方法を学習しました。2-2と2-3では、すべてのユーザーに必須というわけではありませんが、Fusionでは比較的よく使用される機能の基本的な操作方法を初級編と中級編に分けてまとめてあります。初級編の2-2では、テキスト+、キーフレーム、トラッカー、マルチマージ、バージョン、Sticky Note、アンダーレイについて解説します。

2-2-1

テキスト+

「テキスト+」はカットページやエディットページで使用されることが多いと思われますが、Fusionページでなければできない機能もあります。ここでは、そのような機能も含めて、「テキスト+」の使用頻度の高い操作方法について解説します。

「テキスト+」のレイアウトの種類

「テキスト+」のインスペクタの「レイアウト」タブを開くと先頭に「種類」というメニューがあり、基本的なレイアウトの形式を「ポイント」「フレーム」「円形」「パス」の中から選択できます。

▶ ポイント

点（ポイント）を基準にテキストを配置します。

▶ フレーム

四角い枠（フレーム）を基準にテキストを配置します。テキストは枠をはみ出して表示されますが、上下左右の枠にテキストを揃えることができます。どの枠に揃えるかは、「テキスト」タブの「アンカー（縦）」または「アンカー（横）」で設定します。

▶ 円形

円のカーブに沿ってテキストを配置
します。円の内側と外側のどちらに
配置するかは、「テキスト」タブの
「アンカー（縦）」で設定します。

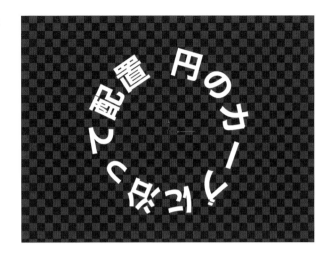

▶ パス

自分で描いたパスのカーブに沿ってテキストを配置します。

「テキスト+」のシェーディングの仕組み

「テキスト+」のテキストには8階層のレイヤーがあります。そしてそれぞれのレイヤー
には、文字の縁取りや影、四角形の背景などを表示させることができます。そのレイヤー
に関する操作をおこなうのがインスペクタの「シェーディング」タブです。

「シェーディング」タブを開くと、一番上に「シェーディングエレメント」と書かれてお
り、そのすぐ下には「エレメントを選択」というラベルがあって1～8の連続する番号が
選べるようになっています。

シェーディングエレメントとは各レイヤーに表示させるテキスト本体や縁取り、影、背
景のことで、1～8の番号はレイヤーの階層をあらわしています。

「テキスト+」のインスペクタの「シェーディング」タブを開いたところ

　初期状態では、1〜8の各レイヤーは次の表のように設定されています。一番上（手前）に表示されるのがレイヤー1で、数字が大きくなるほど後ろ（奥）に表示されるようになっています。レイヤーの名前はわかりやすいものに変更可能です。

レイヤー	名前	エレメント	有効／無効
1	White Solid Fill	白いテキスト本体	有効
2	Red Outline	赤い縁取り	無効
3	Black Shadow	黒い影（テキスト本体をずらしてぼかしたもの）	無効
4	Blue Border	青い背景	無効
5	Element 5	白いテキスト本体	無効
6	Element 6	白いテキスト本体	無効
7	Element 7	白いテキスト本体	無効
8	Element 8	白いテキスト本体	無効

　これらのレイヤーのうち、表示されるのは「有効」という項目にチェックが入れられたものだけです。したがって、初期状態で表示されているのはレイヤー1のテキスト本体のみとなっています。

　たとえば、テキストに縁取りを追加したい場合であれば、レイヤー2を有効にして、縁取りの色や太さなどをインスペクタで調整するのが簡単です。同様に影を表示させたければレイヤー3を、背景を表示させたければレイヤー4を有効にしてインスペクタで調整してください。

　各レイヤーのエレメントとして何を表示させるのかは、インスペクタで変更可能です。したがって、レイヤー3以降をすべて文字の縁取りに変更することで、最大で7重の縁取りを付けることもできます。エレメントの種類は、インスペクタの「外観」のアイコンをクリックすることで変更できます。

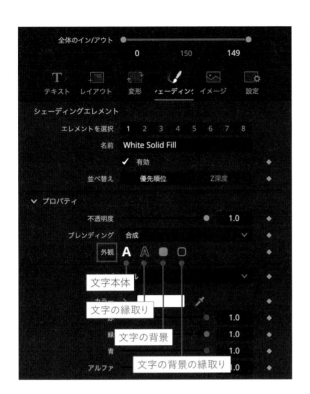

エレメントの種類は、インスペクタの「外観」で変更できる

文字に縁取りをつける

レイヤー2の文字の縁取りを表示させて太さや色などを変更するには、次のように操作してください。

1 「シェーディング」タブを開く

「テキスト+」のノードを選択した状態で、インスペクタ上部の「シェーディング」タブをクリックして開きます。

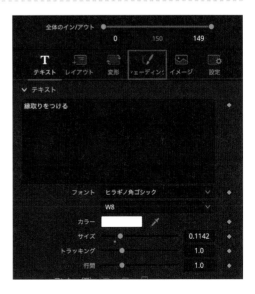

2 「エレメントを選択」で「2」を選択する

「エレメントを選択」という項目にある8つの数字の中の「2」をクリックします。

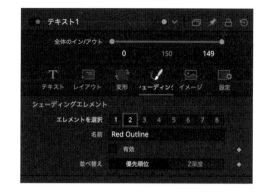

3 「有効」にチェックを入れる

「有効」という項目の左側にあるチェックボックスをクリックしてチェックを入れます。チェックを入れると文字に赤い縁取りが表示されます。

4 縁取りの太さや色などを調整する

縁取りの太さや色などはインスペクタで変更可能です。

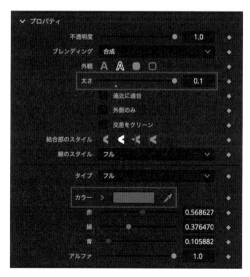

文字の縁取りを追加する

　レイヤー2の縁取りのほかにさらに縁取りを追加したい場合は、次のように操作してください。

1 「シェーディング」タブを開く

「テキスト+」のノードを選択した状態で、インスペクタ上部の「シェーディング」タブをクリックして開きます。

2 「エレメントを選択」で「5」を選択する

「エレメントを選択」という項目にある8つの数字の中の「5」をクリックします（実際には「5～8」のどれでもかまいません）。

補足情報：縁取りを何重にも付ける場合の階層の選び方

「エレメントを選択」の8つの階層は、数字が大きいものほど下（奥）に表示されます。そのため、外側の縁取りは内側の縁取りよりも大きな数字の階層で表示させる必要があります。縁取りを何重にも付ける場合には、内側の縁取りはより小さな数字の階層になるようにしてください。
また、5～8の階層だけでは足りない場合は、3と4の階層を縁取りに変更して使うことも可能です。

---

3 「有効」にチェックを入れる

「有効」という項目の左側にあるチェックボックスをクリックしてチェックを入れます。

4 「外観」の「テキストの縁取り」をクリックする

5 縁取りの太さや色などを調整する

縁取りの太さや色などをインスペクタで調整します。

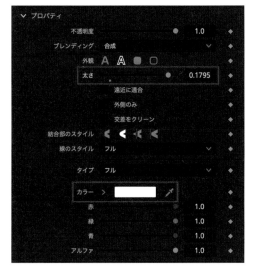

ヒント：縁取りが表示されない

内側の縁取りの太さにもよるのですが、外側の縁取り
は「太さ」をより太くするまでは手前のレイヤーの陰に
なって見えない場合があります。縁取りが表示されな
い場合は「太さ」をより太くしてみてください。

ヒント：縁取りをもっと太くしたい場合は？

「太さ」のスライダーを右側いっぱいまで移動さ
せても太さが足りない場合は、その右側にある
数値の欄により大きな数値を入力してください。
これによって縁取りをさらに太くできます。

文字に影をつける

レイヤー3の文字の影を表示させるには、次のように操作してください。

1 「シェーディング」タブを開く

「テキスト+」のノードを選択した状態で、インスペクタ上部の「シェーディング」タブを
クリックして開きます。

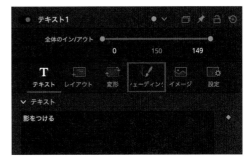

2 「エレメントを選択」で「3」を選択する

「エレメントを選択」という項目にある8つの数字の
中の「3」をクリックします。

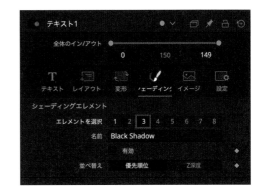

3 「有効」にチェックを入れる

「有効」という項目の左側にあるチェックボックスを
クリックしてチェックを入れます。チェックを入れる
と文字に影が表示されます。

4 影の不透明度や位置などを調整する

影の不透明度や位置などはインスペクタで変更可能です。

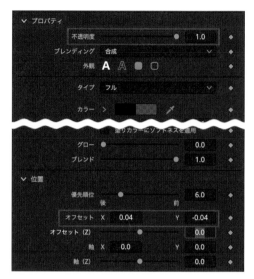

文字に背景をつける

レイヤー4の文字の背景を表示させるには、次のように操作してください。

1 「シェーディング」タブを開く

「テキスト＋」のノードを選択した状態で、インスペクタ上部の「シェーディング」タブをクリックして開きます。

2 「エレメントを選択」で「4」を選択する

「エレメントを選択」という項目にある8つの数字の中の「4」をクリックします。

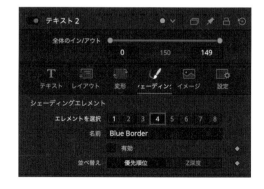

3 「有効」にチェックを入れる

「有効」という項目の左側にあるチェックボックスを
クリックしてチェックを入れます。チェックを入れる
と文字ごとに背景が表示されます。

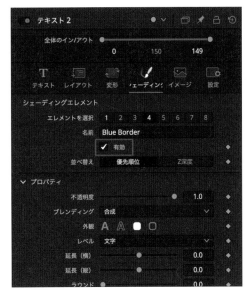

4 「レベル」で背景の表示単位を設定する

背景を表示させる単位は、文字ごと、行ごと、単語ごと、テキスト全体に変更できます。初
期状態では1文字ごとに背景が表示されますが、これを変更したい場合は「レベル」という
項目で別のものを選択してください。背景を表示させる単位は、次の4つから選択できます。

レベル	説明
テキスト	テキスト全体を囲む背景を表示
行	行ごとに個別に背景を表示
単語	単語ごとに個別に背景を表示
文字	1文字ごとに個別に背景を表示

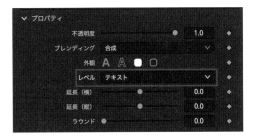

5 背景の大きさや色などを調整する

背景の大きさや色などはインスペクタで変更可能です。

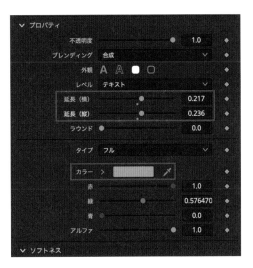

部分的に色やサイズなどを変える

「テキスト＋」の一部の文字だけ色やサイズなどを変えたい場合は、Fusionページで次のように操作してください。

1 テキスト入力欄を右クリックして 「文字単位のスタイリング」を選択する

「テキスト＋」のノードを選択した状態で、インスペクタのテキスト入力欄を右クリックして「文字単位のスタイリング」を選択してください。

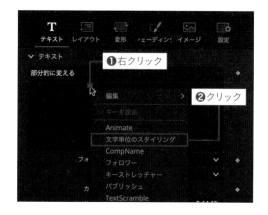

2 「モディファイアー」タブをクリックする

インスペクタ上部の右側にある「モディファイアー」タブをクリックします。

3 ビューア上で変更したい文字を選択する

ビューア上で、色やサイズなどを変えたい文字を斜めにドラッグして選択します。選択された文字の上下には緑色の枠が表示されます。

> **ヒント：ドラッグして文字を選択するには？**
>
> ビューア上で任意の方向に斜めにドラッグすると四角形が描かれます。その四角形の内部にあるテキストが選択された状態となります。ビューア上をクリックすると、選択は解除されます。

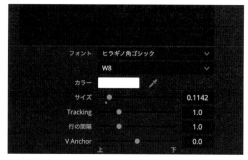

あとはインスペクタで色やサイズなどを自由に変更してください。

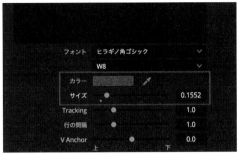

補足情報：部分的な変更を元に戻すには？

インスペクタの「テキスト」タブを選択すると、下の方に「Clear Selected Character Styling」「Clear All Character Styling」と書かれたボタンがあります。「Clear Selected Character Styling」を押すと、現在選択中の文字の変更がリセットされます。「Clear All Character Styling」を押すと、すべての変更がリセットされます。

ヒント：DaVinci Resolveの文字サイズの単位

「テキスト+」のインスペクタで調整できる「サイズ」はピクセルやポイントではなく、画面の横幅を「1」とした大きさとなっています。つまり、0.03なら横幅の3％、0.15なら横幅の15％の大きさ、ということになります。こうすることで、制作の途中でタイムライン解像度を変更しても、画面に対する文字の大きさは変わらない設計になっています。

文字を揺らす

「テキスト+」の文字を揺らしたい場合は、Fusionページで次のように操作してください。

1 「レイアウト」タブを開く

「テキスト+」のノードを選択した状態で、インスペクタ上部の「レイアウト」タブをクリックして開きます。

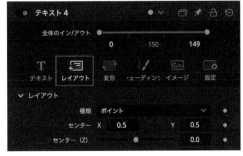

2 「センター　X　Y」を右クリックして「モディファイアー」→「シェイク」を選択する

インスペクタの「センター　X　Y」というラベル（数値の部分ではなく「センター　X　Y」という文字の上）を右クリックして「モディファイアー」→「シェイク」を選択してください。

この段階で再生してみると、テキストが大きくゆっくりと揺れるようになっています。

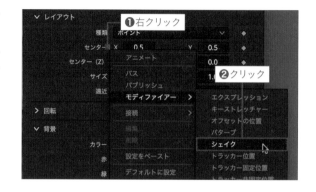

3 「モディファイアー」タブをクリックする

揺れの範囲やスピードを変更したい場合は、インスペクタ上部の右側にある「モディファイアー」タブをクリックしてください。

4 揺らす範囲やスピードを調整する

インスペクタの「スムース」で揺れの速度を、「最小」「最大」で揺らす範囲を調整できます。

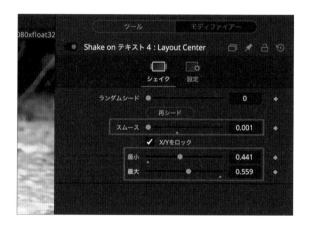

補足情報：「最小」と「最大」の意味するもの

シェイクのインスペクタでは、初期状態で「X/Yをロック」がチェックされています。これは「X軸とY軸に対して同じ最小値と最大値を適用する」という意味です。X軸は画面の左が0.0、画面の右が1.0です。Y軸は画面の下が0.0、画面の上が1.0です。
たとえば「最小」を0.0にするとX軸とY軸の最小値が両方とも0.0（左下）になり、「最大」を1.0にするとX軸とY軸の最大値が両方とも1.0（右上）になります。この場合は、画面全体に動く揺れとなります。画面の中心付近で小さく揺らす場合は、「最小」と「最大」を0.5に近い数値にしてください。「X/Yをロック」のチェックを外すと、X軸とY軸それぞれの最小値と最大値が設定できるようになります。

ヒント：エフェクトの「カメラシェイク」でもクリップを揺らせる

「テキスト＋」のノードを使って揺らす必要がないのであれば、エフェクトの「カメラシェイク」を使うことでFusionページを開くことなく簡単にテキストや映像を揺らすことができます（しかも揺れ方を細かく調整できます）。「カメラシェイク」を調整クリップに適用することで、テキストと映像を一緒に揺らすことも可能です。揺れる速度が遅すぎる場合はインスペクタの「PTR速度」でさらに速くできます。

文字間隔を部分的に調整する（カーニング）

テキスト全体の文字間隔ではなく、テキストの一部分の文字間隔を調整するには、Fusionページで次のように操作してください。

1 「Allow manual positioning」のアイコンをクリックする

「テキスト+」のノードを選択してビューアで表示させた状態で、ビューアの左上にある5つのアイコンのうち、左から2番目にある「Allow manual positioning」のアイコンをクリックして有効にします。

2 位置を変更したい文字をドラッグして選択する

各文字の下に小さな四角形が表示されていますので、その四角形をクリックするかドラッグして囲んで、位置を変更したい文字を選択してください。ドラッグすることで連続する複数の文字を選択できます（複数の文字をまとめて位置変更できます）。選択された文字の上下には枠が表示され、選択中であることがわかるようになっています。

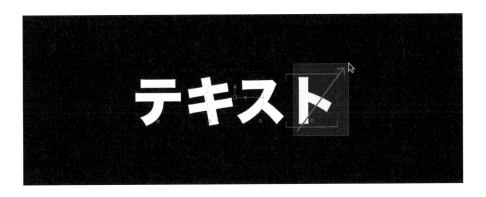

3 上下左右の矢印キーで文字を移動させる

選択中の文字は、上下左右の矢印キーでその方向に移動させることができます（横だけでなく縦にも移動させられます）。各文字の表示位置を調整することで文字間隔を調整してください。

補足情報：文字の移動距離の調整

矢印キーで文字を移動させる 際、[command（Ctrl）] キーを押していると、より細かく移動するようになります。[shift] キーを押していると、逆により大きく移動するようになります。

補足情報：文字はドラッグして移動させることもできる

文字の下に表示されている小さな四角形をドラッグすることで文字を移動させることもできます。

補足情報：カーニングを最初からやり直すには？

それまでに行ったカーニングを削除したい場合は、インスペクタの「テキスト」タブの一番下にある「アドバンスコントロール」を開いてください。「選択を消去」で選択中の文字のカーニング、「すべて削除」ですべてのカーニングが削除できます。

タブで各行の文字を揃える

「テキスト＋」のテキストにタブを入力することで、そのタブ以降のテキスト（タブから次のタブまたは行末までのテキスト）の行揃えと揃える位置をそれぞれ指定できるようになります。この機能によって、エンドクレジットのような少々複雑な行揃えも簡単におこなうことが可能です。

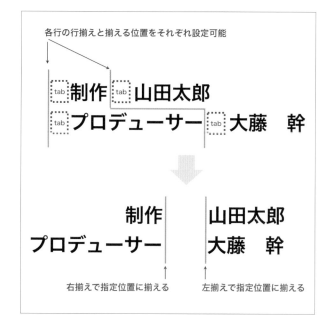

インスペクタの「タブ間隔」の設定方法

タブで行揃えと揃える位置を指定できるのは、全部で8カ所までです。はじめに、インスペクタの「タブ間隔」の先頭にある「タブを選択」という項目で、各行の何番目のタブを設定するか数字をクリックして指定します。選択された数字は太字に変化します。

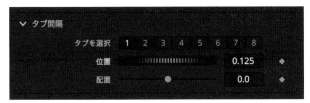

インスペクタの「タブ間隔」

次に「配置」で行揃えを、「位置」で揃える位置を指定します。「配置」は初期状態では中央揃えになっています。スライダーを右端に寄せると右揃え、左端に寄せると左揃えになります。数値で指定する場合は、0で中央揃え、-1.0で左揃え、1.0で右揃えとなります。

「位置」では、行揃えの揃える位置を指定します（ビューアでは縦の点線で示されます）。位置を数値で指定する場合は、左端が「-0.5」、中央が「0」、右端が「0.5」となります。初期値では、1番目のタブは「0.125」、2番目は「0.25」、3番目は「0.375」、4番目は「0.5」（右端）となっています。

補足情報：「配置」と「位置」はビューアでも設定できる

ビューアが「Fit（適応）」の状態だと位置を示す縦の点線しか見えませんが、表示を少し小さくすると縦線の上に白い四角形の枠があることがわかります。この四角形の内部をクリックすることで左揃え・中央揃え・右揃えを切り替えることができます。また、縦の点線はドラッグして移動させることが可能です。

タブによる行揃えと位置調整の例

ここでは、エンドクレジットのサンプルのテキストを使って、簡単なエンドクレジットの行揃えと位置調整をおこなう例を紹介します。

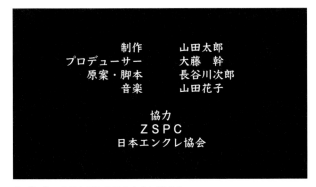

タブによってテキストをこのように揃える

サンプルのテキストには、右のように [tab] キーを入力してあります。

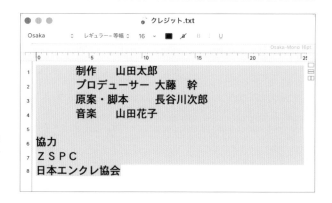

1 タブ入力済みのサンプルテキストをコピーする

[tab] キーを入力済みのサンプルのテキストファイルをテキストエディタなどで開き、すべてを選択してコピーします。

サンプルファイルの場所

エンドクレジットのテキストファイル
→ samples/text/クレジット.txt

2 インスペクタのテキスト入力欄にペーストする

コピーしたテキストをインスペクタのテキスト入力欄にペーストしてください。また、フォントを指定して日本語が表示されるようにし、サイズも全体が表示されるように調整してください。

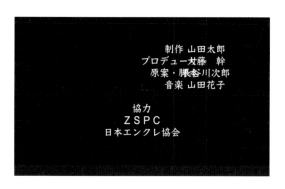

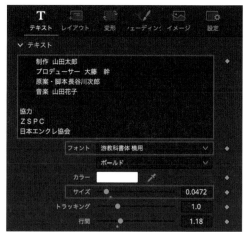

ヒント：タブはインスペクタで入力してもOK

実際の作業では、タブはインスペクタのテキスト入力欄で入力してもかまいません。結果的にインスペクタのテキスト入力欄でタブが入力された状態になっていればOKです。

3　インスペクタの「タブ間隔」を開く

インスペクタの下の方にある「タブ間隔」を開いて
ください。

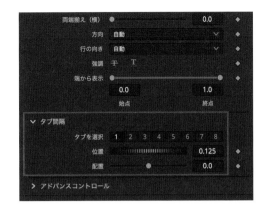

4　インスペクタの「配置」のスライダーを右端に寄せる

「タブを選択」で「1」が太字（選択された状態）になっていることを確認し、「配置」のス
ライダーを右端に寄せます。これで1つ目のタブが右揃えになります。

5　インスペクタの「位置」を「-0.06」にする

インスペクタの「位置」の数値を「-0.06」にします。

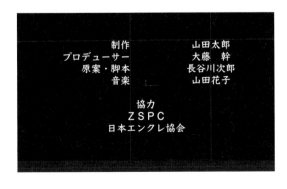

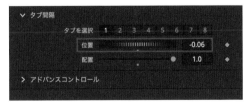

> **ヒント：「位置」は「-0.06」でなくてもOK**
>
> このサンプルでは「位置」を「-0.06」にしていま
> すが、これはあくまでも指定例です。ほかの数値
> にしてもまったく問題ありません。

6 インスペクタの「タブを選択」で 「2」をクリックする

インスペクタの「タブを選択」で「2」をクリックしてください。これで2番目のタブの設定に切り替わります。

7 インスペクタの「配置」のスライダーを左端に寄せる

インスペクタの「配置」のスライダーを左端に寄せます。これで2つ目のタブが左揃えになります。

8 インスペクタの「位置」を「0.06」にする

インスペクタの「位置」の数値を「0.06」にします。これでエンドクレジットのテキストの行揃えと位置の調整は完了です。

> **ヒント：エンドクレジットを スクロールさせるには？**
>
> 長いエンドクレジットをスクロールさせるには、次に紹介するキーフレームを使用します。

キーフレーム

キーフレームを設定することで、インスペクタの値を徐々に変化させることができます。大きさや表示位置を徐々に変化させたいときなどに使用される機能です。ここでは、キーフレームの基本的な使い方を解説します。

キーフレームとは？

　インスペクタで値を変更すると、選択されているクリップの再生中はずっとその値が維持されます。キーフレームとは、再生中に値を徐々に変化させるために「そのフレームの時点での値」が指定されたフレームのことを言います。

　クリップ内においてキーフレームを1つだけ指定した場合は、単純にインスペクタで値を指定した場合と同様にその値は変化しません。キーフレームによって値が変化するのは、値の異なるキーフレームとキーフレームの間だけです。したがって、キーフレームで値を変化させるためには、同じクリップ内の2カ所以上にキーフレームを設定する必要があります。

　キーフレームが設定されている2点間では、前のキーフレームの値から次のキーフレームの値へと値が徐々に変化します。これによって、文字サイズを徐々に大きくしたり、テロップを移動させることなどができます。

ヒント：キーフレームでの変化に緩急をつけるには？

2-3で解説する「キーフレームエディター」または「スプラインエディター」を使用することで、キーフレームによる値の変化に緩急をつける（イージングの設定をおこなう）ことができます。

特定のフレームをキーフレームにする

　Fusionページでキーフレームを設定するには次のように操作してください（以下の例では「テキスト+」の文字サイズを徐々に大きくする場合を例にして操作方法を紹介しています）。

1　キーフレームにしたいフレームに再生ヘッドを移動させる

はじめに、タイムルーラーの再生ヘッド（赤い縦の線）をキーフレームにしたいフレームに移動させます。この例では、タイムルーラーの先頭に移動させています。

2 キーフレームの値を指定したい項目の◆をクリックする

キーフレームを指定したいノードが選択されている
状態で、インスペクタのキーフレームの値を指定し
たい項目の右端にあるグレーの◆をクリックしてく
ださい。◆は赤く変化し、キーフレームになります。
また、タイムルーラー上のそのフレームの縦線は太
い白の線になります。

> **ヒント：キーフレームには複数の値を同時に指定できる**
>
> たとえば「サイズ」と「色」など複数の項目の◆を赤く
> して、1つのキーフレームに対して複数の値を同時に指
> 定することも可能です。

> **ヒント：◆がない項目もある**
>
> インスペクタにあるほとんどの項目には◆はありま
> すが、一部◆がない項目もあります。◆がない項
> 目は、キーフレームの値は指定できません。

3 その項目の値を変更する

◆を赤くした項目の値を指定します。この値がその
項目のキーフレームの値となります。現在の値のまま
でよければ、値を変更する必要はありません。

> **ヒント：値は後から変更可能**
>
> タイムルーラー上でキーフレームの値が指定されている
> フレームに再生ヘッドを移動させると、インスペクタの
> その項目の◆が赤くなります。その状態で値を変更す
> ることで、キーフレームの値を更新できます。

4 キーフレームにする次のフレームに再生ヘッドを移動させる

タイムルーラーの再生ヘッドをキーフレームにしたい別のフレームに移動させます。この例では、タイムルーラーの最後に移動させています。

5 同じ項目の値を変更する

1つめのキーフレームを追加した後の同じ項目に関しては、再生ヘッドを移動させてから値を変更するだけで自動的に◆が赤くなり、そのフレームは新しいキーフレームになります。値を変更する必要がない場合は、再生ヘッドを移動させた状態で◆をクリックして赤くしてください。

　あとは必要なだけこの操作を繰り返してキーフレームを追加してください。

前後のキーフレームに移動する

　タイムルーラーの現在再生ヘッドがある位置よりも前にキーフレームがある項目は、
< ◆ のように◆の前に<が表示され、その<をクリックすることで前のキーフレームに
再生ヘッドを移動できます。同様に、現在再生ヘッドがある位置よりも後ろにキーフレー
ムがある項目は、◆ > のように
◆の後ろに>が表示され、その
>をクリックすることで次の
キーフレームに移動できます。
前後にキーフレームがある項目
は < ◆ > のように表示され、
前にも後ろにも移動できるよう
になります。

前にも後ろにもキーフレームがある場合の表示

補足情報：キーフレームが指定されているノードにはアイコンが表示される

あるノードが選択されている状態でキーフレー
ムを指定すると、そのノードの右側にキーフレー
ムのアイコンが表示されます。これによってキー
フレームが指定されているノードとそうでないノ
ードを区別できます。

ノードに表示されたキーフレームのアイコン

キーフレームの値を削除する

　キーフレームの値を削除して赤い◆をグレーに戻すには、次のいずれかの操作をしてく
ださい。

▶ 赤い◆をクリックする

　インスペクタの赤くなっている◆をクリックするとグレーに切り替わり、キーフレー
　ムではなくなります（◆はクリックするたびに赤とグレーで色が切り替わります）。

▶ 右クリックして「キーを削除」を選択

　インスペクタの赤くなっている◆を右クリックして「キーを削除」を選択してください。

トラッカー

トラッカーを使用すると、映像の中の特定の部分の位置を自動的に追跡して記録できます。その位置情報を使用することで、別の画像やエフェクトを連動させて動かすことなどが可能となります。ここでは、点を追跡する「トラッカー」と面を追跡可能な「平面トラッカー」の主な操作方法について解説します。

トラッカーとは？

トラッカーとは、簡単に言えば動画に映っている特定の部分の位置の動きを記録し、他の画像やエフェクトなどをその位置に連動させて動かすための機能です。たとえば、映像の中の注目してほしい部分の動きに合わせて矢印も一緒に動かしたり、移動している人の動きに合わせて顔にぼかしをかけたい場合などに幅広く活用できます。

ヒント：顔にぼかしをかけるならカラーページを使うのが一般的

カラーページにも、動いている被写体にぼかしをかける機能があります。しかも高機能で操作も簡単なため、顔にぼかしをかける際にはカラーページが使われることが多いようです。

用語解説：トラッカー

直訳すれば「追跡機能」です。映像中の特定の部分を追跡してモーションパスを作成し、そのモーションパスに合わせて指定したものを動かすことができます。また、トラッカーを使って追跡し、その情報を記録させることを「トラッキング」と言います。

トラッカーノードの種類

Fusionページには、点のトラッキングをおこなう「トラッカー（Tracker）」、面のトラッキングをおこなう「平面トラッカー（Planar Tracker）」、3Dのトラッキングをおこなう「Camera Tracker」という3種類のトラッカーが用意されています。ただし、「Camera Tracker」は無料版のDaVinci Resolveでは使用できません。

▶ トラッカー

映像の中の特徴的な領域を指定し、その部分を追跡させるノードが「トラッカー」です。次に説明する「平面トラッカー」は面をトラッキングするのに対し、「トラッカー」は点（ピクセル）をトラッキングします（そのため「点トラッカー」と呼ばれることもあります）。3種類のトラッカーの中ではもっともシンプルなトラッカーです。

▶ 平面トラッカー

映像の中の指定した領域を面として捉えてトラッキングをおこなうのが「平面トラッカー」です。「トラッカー」で記録されるのは2次元のＸとＹの座標だけですが、「平面トラッカー」ではそれに加えて指定した面の傾きや回転、遠近などの情報も記録できます。

たとえば人の顔を「平面トラッカー」でトラッキングすると、顔のパーツの位置関係によって、上を向いた、下を向いた、横を向いた、首をかしげた、奥に移動した、手前に来た、などの情報も記録できます。これらの情報によって、連動させて動かす画像を顔に張りついているように見せることなどができます。

また、点ではなく面でトラッキングをおこなうため、トラッキングしている領域が画面の外に移動したり見えなくなった場合でも、点でトラッキングする場合よりも成功する確率が高くなります。

▶ Camera Tracker

「Camera Tracker」は映像の中の特定の部分をトラッキングするのではなく、映像全体を3D空間としてトラッキングします。その情報によって、あたかも映像の空間の中に物体が置かれているように合成することができます。映像の中に3Dのテキストを配置する際などに使用されます。

「トラッカー」によるトラッキング

ここでは、トラッカーノードの接続方法とトラッキングする領域の指定方法、インスペクタで設定可能な主な項目について説明します。具体的な操作手順については「3-1-3 トラッキング（p.205）」を参照してください。

なお、有料版の DaVinci Resolve Studio 19 ではAIを使った「Intellitrack」が搭載され、初期状態で「Intellitrack」が使用されるように設定されています。使い方は、単純な実線の四角形のコントロールを使う点以外はほとんど変わりません。インスペクタで「Point」を選択することで、以下に解説する従来の（無料版で使用可能なものと同じ）トラッカーを使用することもできます。

▶ トラッカーノードの接続方法

トラッカーノードには、次3種類の入口（▲）があります。

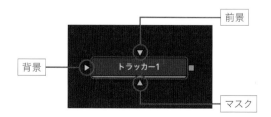

前景（緑色）

トラッキングしてできたモーションパスと連動させて動かす画像などを接続します。

背景（黄色）

トラッキングする映像を接続します。

マスク（水色）

前景のマスクを接続します。

補足情報：前景に接続せずに連動させる方法

連動させる画像などは、直接トラッカーノードに接続しなくても連動させることができます。はじめに、連動させるものをマージツールなどで前景として接続し、見えるようにしておきます。そこにさらに「変形」ノードを接続し、インスペクタの「センター」というラベルを右クリックして「接続」→「トラッカー1」→「非固定位置」と選択します。これで「センター」の位置が連動して動くようになります。

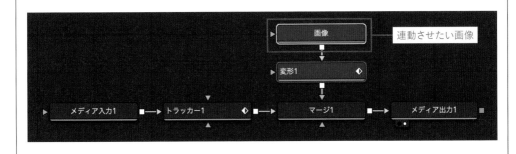

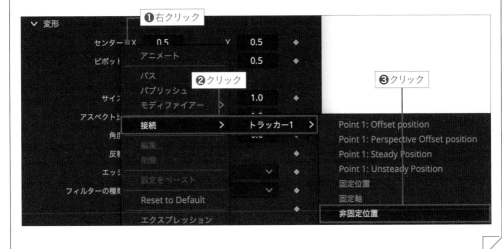

▶ トラッキングする領域（パターン）の指定方法

トラッカーによるトラッキングは、映像内の特定の領域のピクセルをパターンとして認識させ、各フレーム内でそのパターンを探して位置を記録することでおこなわれます。トラッキングが成功するかどうかは、そのパターンによって変わってくるため、パターンは慎重に選択する必要があります。

パターンには、特徴的でコントラストが高い領域を指定してください。また、できるだけ形が変わらず、途中で見えなくならない部分を指定した方が成功率は高くなります。なお、パターンは、初期状態では最初に指定した1つだけが使用されますが、後述するインスペクタの「適応モード」でフレームごとに更新するようにも変更できます（これによって徐々に変化するものでもトラッキングできます）。いずれの場合でも、パターンの指定をどのフレームでおこなうか（トラッキングをどのフレームから開始するか）はとても重要です。

パターンにする領域とフレームを決めたら、まずはタイムルーラーの再生ヘッドをそのフレームに移動させます。次に、ノードエディターでトラッカーノードを選択し、ビューア上にパターンを指定するためのオンスクリーンコントロール（実線と点線の四角形）を表示させます。

パターンを指定するためのオンスクリーンコントロール

実線の四角形は、パターンにする領域をあらわしています。実線の四角形の左上にある小さな四角形をドラッグすることでオンスクリーンコントロールを移動できます。四角形の大きさは、上下左右の各辺をドラッグして調整します。

オンスクリーンコントロールをドラッグして移動している最中は、パターンが拡大表示されます。拡大率はインスペクタの「オプション」タブの「拡大スケール」で変更可能です。

点線の四角形は、トラッキングの際に次のフレームでパターンを探す範囲をあらわしています。この点線が表示されていない場合は、マウスポインタをオンスクリーンコントロールの上にのせると表示されます。この四角形も上下左右の各辺をドラッグすることで大きさを調整できます。動きの速いものをトラッキングする際はこの領域を広くする必要がありますが、広さに比例してトラッキングに要する時間も増えていきますので注意してください。

▶ インスペクタでの操作

トラッキングの開始と停止

トラッカーノードのインスペクタの「トラッカー」タブには、トラッキングの開始と停止をおこなうための6つのボタンがあります。ボタンの機能は、左から順に次のようになっています。

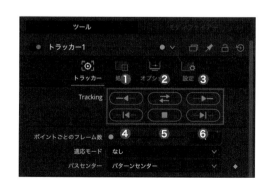

❶ 逆方向にトラッキング
❷ 順方向と逆方向の両方をトラッキング
❸ 順方向にトラッキング

❹ 逆方向に1フレームだけトラッキング
❺ トラッキングを停止
❻ 順方向に1フレームだけトラッキング

ポイントごとのフレーム数

トラッキングしたパスの位置情報は、初期状態では1フレームごとにキーフレームを打って記録されます。このキーフレームを打つ間隔を2フレームごと、5フレームごとのように変更する際に使用するのが「ポイントごとのフレーム数」です。映像に細かい揺れがある場合などに利用すると、より良い結果が得られる場合があります。

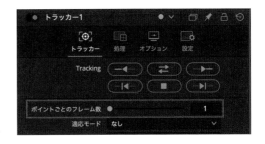

適応モード

オンスクリーンコントロールで指定したトラッキングするパターンをフレームごとに更新するかどうかを設定します。

・なし

最初に指定したパターンを使って最後までトラッキングします。

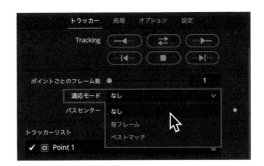

・毎フレーム

パターンをフレームごとに更新します。これによって、パターンが徐々に変化している場合でもトラッキングが可能になります。

・ベストマッチ

パターンをフレームごとに更新します。ただし、その際に最初に指定したパターンとフレームごとに更新したパターンを比較し、変化が極端すぎる場合にはそのフレームのパターンの更新はおこないません。これによって、何かが一時的にトラッキングしている領域を覆うような状態になった場合でも、それを無視してトラッキングを続けることができます。

「平面トラッカー」によるトラッキング

　ここでは、平面トラッカーノードの接続方法とトラッキングする領域の指定方法、インスペクタで設定可能な主な項目について説明します。具体的な操作手順については「3-1-3 トラッキング（p.205）」を参照してください。

▶ 平面トラッカーノードの接続方法

平面トラッカーノードには、次の4種類の入口（▲）があります。

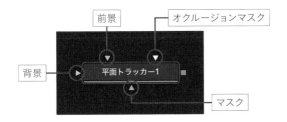

前景（緑色）

コーナーピンではめ込み合成する画像や動画などを接続します。トラッキングしてできたモーションパスと連動させて矢印などの画像を動かす場合はここに接続するのではなく、平面トラッカーノードから書き出した平面変形ノードに接続します。

背景（黄色）

トラッキングする映像を接続します。

マスク（水色）

前景（コーナーピンではめ込み合成する画像や動画など）のマスクを接続します。

オクルージョンマスク（白色）

ここにマスクを接続することで、トラッキングの邪魔になる無関係のものをマスクし、その部分をトラッカーに無視させることができます。

> **用語解説：コーナーピン**
>
> トラッキングした映像の中で4つのポイント（一般的にはテレビやパソコン画面の4つの角など）を指定し、その4つのポイントで作られる四角い領域の中に別の映像をはめ込み合成する機能をコーナーピンと言います。

▶ トラッキングする領域の指定方法

はじめに、タイムルーラーの再生ヘッドをトラッキングを開始するフレームに移動させます。その状態で平面トラッカーのインスペクタの「Set」ボタンを押してください。これによって、そのフレームがトラッキングの参照フレームになります。

「Set」ボタンを押して参照フレームを指定する

> **用語解説：参照フレーム**
>
> 平面トラッカーで映像の特定部分を追跡する際に、基準として参照するフレーム。このフレームの状態を基準として位置や回転した角度、拡大縮小、傾斜、遠近などの情報が記録されます。

> **ヒント：参照フレームの選び方**
>
> 参照フレームには、トラッキングしたい部分ができるだけ大きく映っていて、正面を向いており、全体がフレーム内に収まっていて、そこに余計なものが重なっていないフレームを選んでください。

> **補足情報：参照フレームの変更と削除**
>
> 参照フレームは、一度設定してしまうと変更できません。参照フレームを変更したい場合は、そのノードのすべてのトラッキング情報を削除する必要があります。

次に、＋型になっているポインタでビューア上のトラッキングする領域を囲うようにクリックして多角形を描いてください。最初にクリックしたポイント付近にポインタ

を置くと、ポインタの右下に○印があらわれます。その状態でクリックすることで、
多角形は閉じた状態になります。これでトラッキングする領域の指定は完了です。

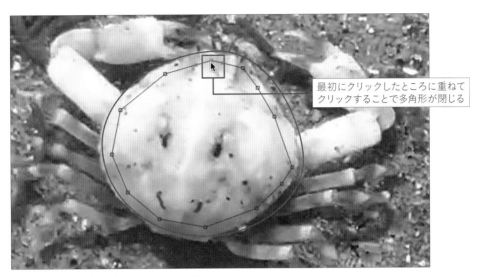

最初にクリックしたところに重ねて
クリックすることで多角形が閉じる

クリックしてトラッキングする領域を指定する

ヒント：平面トラッカーで領域を選択するコツ

選択する領域が平らであればあるほどトラッキングの品質は高くなります。また、選択する領域はできる限り広くしてください。

ヒント：コーナーピンで指定する4つのポイントは別

コーナーピンではめ込み合成する際に指定する4つのポイントと、トラッキングの参照フレームで描く任意の多角形はそれぞれ別に指定します。

インスペクタでの操作

トラッキングの開始・停止・データの削除

平面トラッカーノードのインスペクタの「コントロール」タブには、トラッキングデータを記録・削除するための8つのボタンがあります。ボタンの機能は、上段の左から順に次のようになっています。

❶ 逆方向にトラッキング
❷ トラッキングを停止
❸ 順方向にトラッキング

❹ 逆方向に1フレームだけトラッキング
❶ 順方向に1フレームだけトラッキング

❻ 現在のフレーム以前のトラッキングデータを削除
❼ すべてのトラッキングデータを削除
❽ 現在のフレーム以後のトラッキングデータを削除

Operation Mode

トラッカーの動作モードを指定します。次の4種類が選択可能です。

・Track

平面トラッキングを行うモードです。他のモードを使用する場合でも、まずはこの
モードでトラッキングをおこなってください。また、このモードを選択している場
合のみ、トラッキングしたデータを「平面変形ノード」として書き出すことができ
ます。「平面変形ノード」に接続したノードは、トラッキングデータの通りに動きます。

・Steady

トラッキングした領域が映像内の同じ位置に留まるようにするモードです。

・Corner Pin

はめ込み合成をおこなうモードです。

・Stabilize

手ぶれ補正をおこなうモードです。

Motion Type

トラッキングする平面のXとYの位置情報以外に追加で記録する情報を選択します。
メニューの上の項目ほど記録される情報はシンプルなものとなります（下の項目は、
上の項目のすべての情報を含みます）。

- **Translation**

「XとYの位置情報」のみを記録します。

- **Translation, Rotation**

上の項目に加えて「回転」の情報も記録します。

- **Translation, Rotation, Scale**

上の項目に加えて「拡大縮小（遠い近い）」の情報も記録します。

- **Affine (TRS + shear)**

上の項目に加えて「傾斜」の情報も記録します。

- **Perspective**

上の項目に加えて「遠近法」の情報も記録します。

Create Planar Transform

トラッキングが完了した後にこのボタンを押すと、ノードエディター上に平面変形ノードが書き出されます。平面変形ノードの黄色の入口に接続したノードは、トラッキングデータのパスに沿って動くようになります。

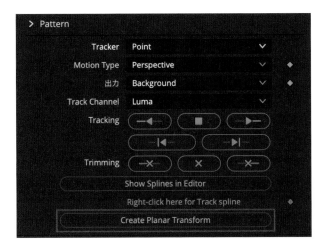

2-2-4

マルチマージ

マルチマージは、前景を複数接続できる新しいマージノードです。このノードに接続された前景は、インスペクタでレイヤーとして扱うことができます。ここでは、マルチマージノードの主な操作方法について解説します。

マルチマージノードについて

マルチマージは、DaVinci Resolve 18.5で新しく追加されたノードです。マージノードは1つの背景に対し1つの前景しか接続できませんでしたが、マルチマージノードは1つの背景に対して必要な数だけ前景のノードを接続することができます。また、接続されたすべての前景はインスペクタでレイヤーとして一覧表示され、簡単な操作で重なる順番や表示・非表示などを変更できます。

マルチマージノードの使い方

あるノードの出口を最初にマルチマージノードの本体にドラッグすると、黄色い背景の入口に接続されます（黄色の入口にドラッグして接続することもできます）。出力の解像度はこの背景の画像や映像によって決まりますので、前景を接続する前に背景を接続してください（背景を接続しないと前景は表示されません）。

背景を接続した後に画像や映像のノードの出口をマルチマージノードの本体にドラッグすると、前景の入り口に接続されます（マルチマージノードの入口はドラッグされるたびに追加されます）。レイヤーとしては後に接続したものほど上に重なります。

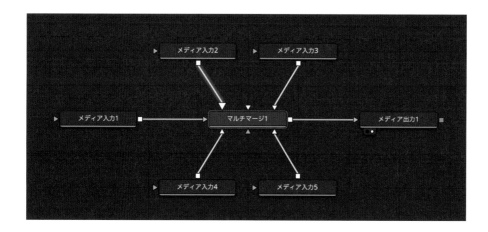

前景の位置やサイズなどは、インスペクタのレイヤーの一覧（レイヤーリスト）でレイヤーを選択し、一覧の下の各項目で調整できます。

マルチマージノードのレイヤーの操作

　インスペクタのレイヤーリストには、前景として接続されているすべてのノードの名前が一覧で表示されています。

　レイヤーの重なる順番を変更するには、レイヤー名を上か下にドラッグして移動させてください。上にあるレイヤーほど、上に重なって表示されます（下のレイヤーほど背景に近い階層になります）。

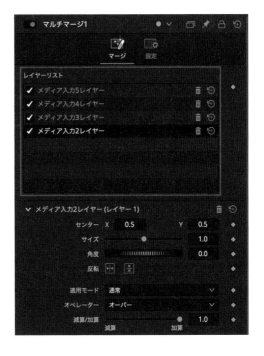

　レイヤーを非表示にするには、レイヤー名の前にあるチェックをクリックして消してください。

　レイヤーの名前を変更するには、レイヤー名を右クリックして「Rename Layer ○...」を選択します。

　レイヤーを削除するには、レイヤー名の右側にあるゴミ箱のアイコンをクリックするか、レイヤー名を右クリックして「レイヤーを削除」を選択してください。

バージョン

FusionページのノードとFusionコンポジションは、元の状態を残したままで別のバージョンを簡単に作成できます。これによって複数のバージョンを作成し、それらを比較してベストなものを選択できるようになります。ここでは、ノードとFusionコンポジションのそれぞれのバージョンの操作方法について解説します。

バージョンとは？

　ここでいうバージョンとは、DaVinci Resolve 19の「19」のような数字ではなく、ノードやFusionコンポジションの設定・制作の過程において「値を変えてみた別バージョンを別途保存しておける機能」のことです。たとえば、「テキスト+」のノードであれば、インスペクタの元の状態を残しておきつつ、文字色や装飾などを変えた別バージョンを別途作成し、それらを簡単な操作で切り替えて比較することができるような機能です。

ノードのバージョン

　各ノードにおいてバージョン機能を使うには次のように操作してください。

1 ノードを選択する

ノードエディター上で、バージョン機能を使用するノードをクリックして選択します。

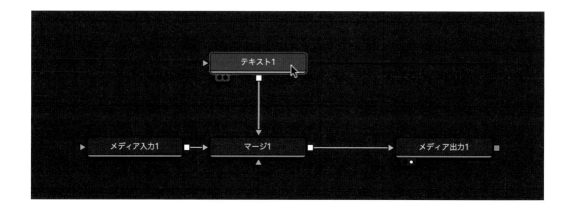

2 バージョンのアイコンをクリックする

インスペクタの上部にあるバージョンのアイコンを
クリックします。

3 バージョンの番号が表示される

バージョンのアイコンのすぐ下に「バージョン　1
2　3　4　5　6」と表示されます。

4 「2」以降の任意の数字をクリックする

初期状態では1〜6の数字のうち、1だけが太字にな
っています。これは、現時点ではこのノードのバー
ジョン1だけが存在していることをあらわしています。
細字の数字をクリックするとその数字が太字に変化
し、その時点で開いていたバージョンがそのバージョ
ンにコピーされます。これをもとにして別バージョ
ンが作成できます。

補足情報：作成可能なバージョンは6まで

もともと作成していたノードはバージョン1です。新しく作成可能なバージョンは2〜6までです。

補足情報：バージョンの切り替えは数字をクリック

バージョンを切り替えるには、作成済みで太字になっている数字をクリックしてください。数字の下に赤い線が引かれているのが現在有効となっているバージョンです。

補足情報：バージョンの内容の消去

バージョンの内容を消去するには、数字を右クリックして「解除」を選択してください。数字が細字になり、内容がクリアされます。

Fusionコンポジションのバージョン

　Fusionコンポジション（クリップ）単位でバージョン機能を使うには次のように操作してください。

1 クリップを表示させる

画面左上の「クリップ」をクリックする
と、ノードエディターの下にクリップが
横一列に並んで表示されます。

2 クリップを右クリックする

新しいバージョンを作成したいクリップを右クリックして「新規コンポジションを作成」を
選択します。新しいバージョンが作成され、その時点で開いていたバージョンの内容がその
ままそこにコピーされます。

補足情報：新しいバージョンの名前

Fusionコンポジションのバージョンの名前は、初期状態では「Composition 1」「Composition
2」「Composition 3」のように自動的につけられます。クリップを右クリックして「Composition
2（バージョンの名前）」→「名前を変更」を選択することで名前を変えることができます。

補足情報：バージョンの切り替え方

Fusionコンポジションのバージョンを切り替えるに
は、クリップを右クリックして「Composition 2（バ
ージョンの名前）」→「ロード」を選択してください。
名前の前にチェックがついているのが現在有効とな
っているバージョンです。

補足情報：バージョンの削除

Fusionコンポジションのバージョン
を削除するには、クリップを右クリ
ックして「Composition 2（バージ
ョンの名前）」→「削除」を選択し
てください。

Sticky Noteとアンダーレイ

ノードエディターの領域内には、付箋（Sticky Note）のようなメモを貼り付けておくことができます。また、特定の処理を行うノード群を枠で囲うことで視覚的にグループ化し、各部の処理を把握しやすくすることもできます。ここでは、そのようなノードエディター内の処理をわかりやすくする2つの機能を紹介します。

Sticky Noteとは？

　Sticky Note（スティッキーノート）は、ノードエディターの領域内に貼りつけておける付箋です。プログラミング言語におけるコメントと同じような目的で使用できます。ノードの近くにメモを書いておきたい場合などに使うと便利です。

Sticky Note（スティッキーノート）

ヒント：各ノード内にもコメントは記入できる

各ノードのインスペクタ上部の一番右には「設定」タブがあります。「設定」タブには「コメント」というテキスト入力欄があり、そこにコメントを記入しておくこともできます。ここに入力したコメントは、ポインタをノードに重ねたときのポップアップにも表示されます。

● Sticky Noteの貼り付け方

Sticky Noteは正確に言えばノードではありませんが、ノードと同じ方法でノードエディターに配置できます。[shift]+[スペース] で配置することもできますし、「エフェクト」→「Tools」→「フロー」→「Sticky Note」を選択することでも配置できます。

ヒント：貼り付けたい場所をクリックしてから配置する

ノードエディター内のSticky Noteを貼り付けたい場所をクリックしてから配置すると、Sticky Noteはその位置に貼り付けられます。ただし、貼り付けた後からでもSticky Noteは移動できます。

▶ Sticky Noteの展開と最小化

Sticky Noteは、初期状態では最小化されています。この状態のときにダブルクリックすると展開されて大きくなります。また、右クリックして「展開」を選択するか［command（Ctrl）］＋［E］キーを押しても展開できます。展開されているときにSticky Noteの左上にある「×」をクリックすると最小化されます。

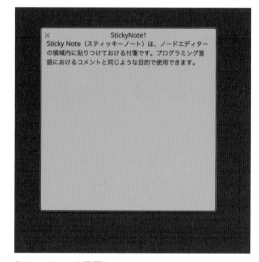

Sticky Noteの最小化されている状態

Sticky Noteを展開したところ

▶ Sticky Noteにテキストを入力する

Sticky Noteが展開されている状態のときにSticky Noteの内部をクリックするとテキスト入力のカーソルが表示され、入力が可能となります。

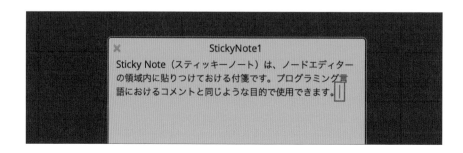

▶ Sticky Noteの大きさを変える

Sticky Noteが展開されている状態で各辺や角をドラッグすることで大きさを変えられます。

▶ Sticky Noteを移動させる

Sticky Noteが最小化されている場合は、Sticky Noteの任意の位置をドラッグして移動できます。展開されている場合は、Sticky Note上部のタイトルが表示されている部分をドラッグすることで移動できます。

▶ Sticky Noteのタイトルを変える

Sticky Noteを右クリックして「名前を変更...」を選択することでタイトルを変更できます。

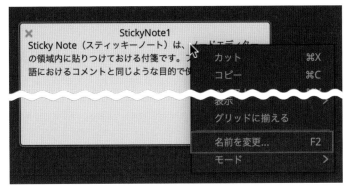

▶ Sticky Noteをロックする

Sticky Noteはロックして編集できないようにすることができます。Sticky Noteをロックするには、右クリックして「モード」→「ロック」にチェックを入れてください。チェックを外すことでロックを解除できます。

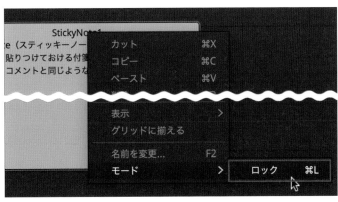

Sticky Noteを削除する

Sticky Noteを選択して［delete］キーまたは［backspace］キーを押すと、その
Sticky Noteは削除されます。右クリックして「削除」を選択しても削除できます。

アンダーレイとは？

アンダーレイは、複数のノードを枠で囲ってグループ化する機能です。枠には名前をつ
けることができ、色も変更できます。また、グループ化したノードはまとめて移動できる
ようになります。

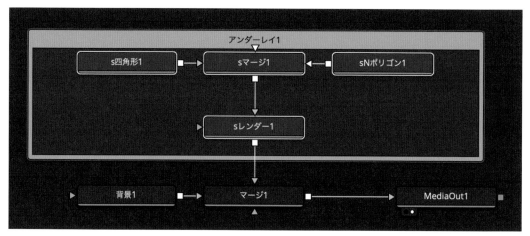

アンダーレイは枠で囲ってグループ化する機能

> **ヒント：「アンダーレイ」のほかに「グループ」という機能もある**
>
> アンダーレイは、ノードを枠で囲ってグループ化する機能です。それに対してグループは、複数の
> ノードをまとめて1つのノードとして表示させる機能です。もちろん展開して内部のノードを表示させ
> ることもできます。グループについては、「2-3-5 グループとマクロ（p.158）」で解説しています。

枠で囲ってグループ化する

アンダーレイはノードではありませ
んが、ノードをノードエディターに
配置するのと同様の操作でノードを
グループ化します。

はじめに、枠で囲ってグループ化し
たいノードを選択してください。そ
の状態で［shift］+［スペース］で
アンダーレイを選択するか、「エフェ
クト」→「Tools」→「フロー」→「ア
ンダーレイ」を選択すると枠で囲わ
れてグループ化されます。

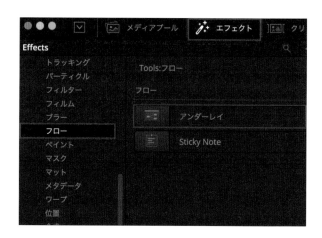

> **ヒント：ノードを選択せずにアンダーレイだけを配置する**
>
> ノードを選択せずにアンダーレイを選択すると、ノードエディター内の最後にクリックした位置にアンダーレイの枠だけが表示されます。枠内には、あとからノードを入れたり出したりすることが可能です。枠の大きさも自由に変更できます。

枠の名前を変更する

[option（Alt）] キーを押しながらアンダーレイのヘッダー部分（上の太い枠）をクリックすると、内部のノードを選択することなくアンダーレイだけを選択できます。その状態のままヘッダー部分を右クリックして「名前を変更…」を選択すると、ヘッダー部分に表示される名前を変更できます。

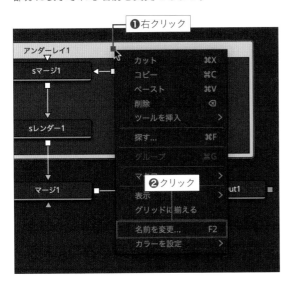

> **重要：アンダーレイをクリックすると内部の全ノードも選択される**
>
> アンダーレイのヘッダー部分（上の太い枠）をクリックすると、アンダーレイだけでなく内部のすべてのノードも選択されます。その状態で右クリックして「名前を変更…」を選択すると、ノードの名前を変更するダイアログがノードの数だけ次から次へと表示されることになります。内部のノードを選択せずにアンダーレイの枠だけを選択したい場合は、[option（Alt）] キーを押しながらクリックしてください。

枠の色を変更する

枠と内部のノードをすべて同じ色に変更したい場合は、アンダーレイのヘッダー部分（上の太い枠）を右クリックして「カラーを設定」から色を選んでください。

アンダーレイの枠の色だけを変更したい場合は、[option（Alt）] キーを押しながらアンダーレイのヘッダー部分（上の太い枠）をクリックし、次に右クリックして「カラーを設定」から色を選んでください。

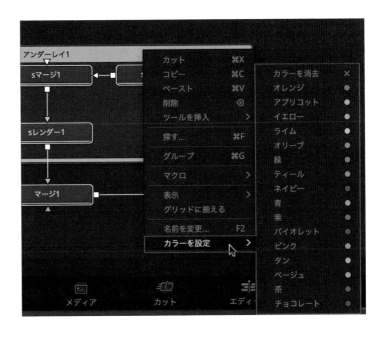

▶ 枠の大きさを変える

アンダーレイの枠の角や辺をドラッグすることで、枠の大きさを変えることができます。

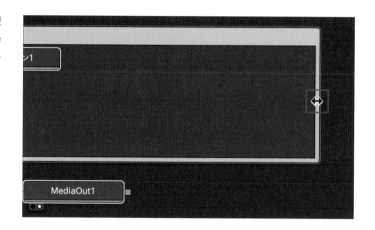

▶ 枠ごと移動させる

アンダーレイのヘッダー部分（上の太い枠）をドラッグすることで、中に含まれるノードごとアンダーレイを移動できます。

▶ 枠内にノードを出し入れする

各ノードは、ドラッグ＆ドロップすることで枠の内外に自由に出し入れすることができます。また、ノードを動かすのではなく枠を移動させることで、ノードを入れたり出したりすることも可能です。

▶ 枠とその内部のノードを削除する

アンダーレイのヘッダー部分（上の太い枠）をクリックして選択した状態で［delete］キーまたは［backspace］キーを押すと、内部のノードごと枠が削除されます。

▶ ノードは残して枠だけ削除する

アンダーレイのヘッダー部分（上の太い枠）をクリックして選択し、右クリックして「削除」を選択すると枠だけが削除されます。

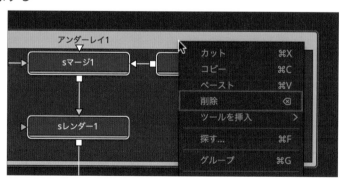

［option（Alt）］キーを押しながらアンダーレイのヘッダー部分（上の太い枠）をクリックして、アンダーレイだけが選択されている状態で［delete］キーまたは［backspace］キーを押しても、枠だけが削除されます。

2-3

【中級】Fusionの基本操作3

2-3は、Fusionで比較的よく使用される機能の中級編です。ここで解説している内容は一見難解に思えるかもしれませんが、それぞれの目的や機能を正しく理解すればそれほど難しいものではありません。そして何より、ここで解説している各種機能を理解して使えるようになると、「Fusionを使いこなしている感」が大幅にアップします！ 本章は中級者になるためには「必修」の章です。

キーフレームエディター

キーフレームエディターには、キーフレームの調整以外にも重要な役割があります。ここでは、キーフレームエディターとスプラインエディターのそれぞれの役割を再確認した上で、キーフレームエディターの各種操作方法について解説していきます。

キーフレームエディターとスプラインエディターの役割

　Fusionページには、キーフレームエディターとスプラインエディターというそれぞれ役割の異なる2種類のエディターが用意されています。

　本来の役割で言えば、キーフレームエディターはタイムライン上でのキーフレームの位置を調整するエディターで、スプラインエディターはキーフレームの線をスプライン曲線に変換してイージングを調整するためのエディターです。言い換えれば、キーフレームエディターはキーフレーム自体の位置を変更するエディターで、スプラインエディターはキーフレームとキーフレームの間の値の変化を調整するエディターということになります。

　しかし実際には、どちらのエディターを使用してもキーフレームの位置を変更することは可能ですし、直線を曲線に変更することもできます。そしてそのような操作を行うのであれば、スプラインエディターの方が圧倒的に高機能で調整可能な項目も多く用意されています。

　ではキーフレームエディターを使う意味はないのかというと、そんなことはありません。実はキーフレームエディターは、Fusionページのタイムルーラーよりもカットページやエディットページのタイムラインに近いもので、すべてのノードをトラックに表示させてその開始位置と終了位置を調整できるようになっています（基本的な操作方法はカットページやエディットページのタイムラインと同様です）。これによって、前景の画像を途中から表示させたり、途中で消したり、エフェクトを途中から有効にすることなどが可能となっています。

　また、カットページやエディットページのタイムラインにあるビデオクリップを単純にFusionページで開いている場合などは、キーフレームエディターの各トラックのノードの幅はイン点とアウト点の外側も含んだ元のクリップ全体と同じ長さになっています。その状態から、開始位置をイン点、終了位置をアウト点に変更することで必要のない部分でメモリを消費したり、プロセッサの使用率を高くしてしまうことを避けることができます。このような操作はスプラインエディターではできません。

　イメージとしては、キーフレームエディターは「Fusionページのタイムライン」、スプ

ラインエディターは「総合的なキーフレームエディター」だと捉えると使い分けで迷うことがなくなります。

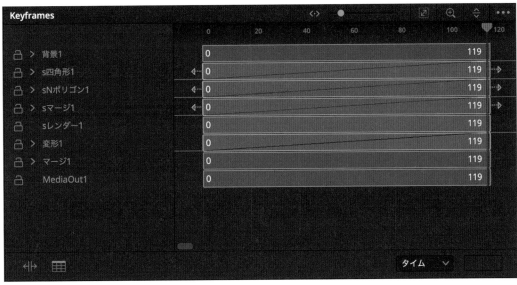

キーフレームエディター

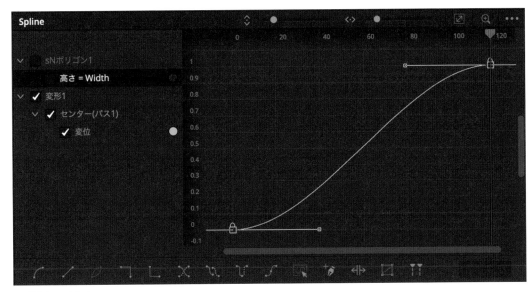

スプラインエディター

キーフレームエディターの表示の調整

はじめに、キーフレームエディターを表示させて、その表示領域を適切な大きさにし、必要な項目が適切なサイズで表示されるように表示を整える手順について解説しておきます。

1 画面右上の「キーフレーム」をクリックする

Fusionページの画面右上にある「キーフレーム」を
クリックすると、ノードエディターの右側にキーフ
レームエディターが表示されます。

[F7] キーを押しても同様にキーフレームエディ
ターが表示されます。ただし、もう一度押しても
キーフレームエディターを消すことはできません。
消す場合は画面右上の「キーフレーム」をクリッ
クしてください。

補足情報：キーフレームエディターはFusionコンポジ
ションのタイムライン

キーフレームエディターの基本的な構造は、カットペー
ジやエディットページのタイムラインと同様です。左側
には、各トラックの名前としてノード名が表示されてお
り、横軸は時間（フレーム数）をあらわしています。

2 表示させるノードを選択する

キーフレームエディターの右上にあるフィルターのアイコンをクリックすると、表示させる
ノードを選択できるメニューが表示されます。

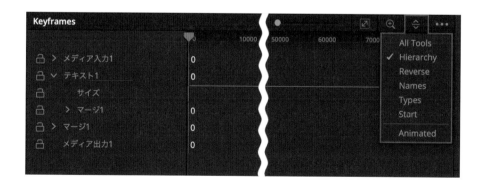

このメニューの「Animated」がチェック
された状態になっていると、キーフレー
ムが設定されているノードだけが表示さ
れます。すべてのノードを表示させたい
ときは、このチェックを外してください。

ヒント：「Animated」のチェックを外しても変化がない

「Animated」のチェックを外してもすべてのノードが表示され
ない場合は、同じメニューの「All Tools」を選択してみてくだ
さい。

メニューのその他の項目は、キーフレームエディター内の左側に表示されているノード名の
並べ替えをおこなう際に使用します。

3 「＞」をクリックするとキーフレームを設定した項目が表示される

インスペクタでキーフレームを設定した
項目の名前が表示されていない場合は、
ノード名の左側にある「＞」をクリック
することで表示させられます。

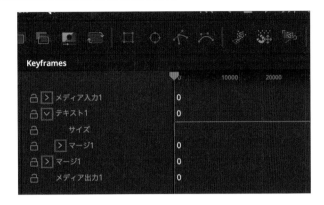

4 キーフレームエディターの表示領域を調整する

必要であれば、キーフレームエディター
の表示領域を広くすることもできます。
キーフレームエディターの領域の左・上・
右の端はドラッグして領域の大きさを変
えられます。
また、画面上部で表示と非表示を切り替
えられるノードエディターやインスペク
タ、メディアプール、エフェクト、メタ
データを消すことで、キーフレームエデ
ィターを幅いっぱいに表示させることが
できます。

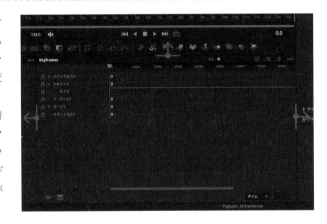

ヒント：縮小／拡大ボタン

画面の上部の左側にある「メディアプール」と「エフェクト」、右側にある「メタデータ」と「インスペクタ」で表示させら
れる領域は、画面の上から下まで表示させるのか、上からノードエディターの上まで表示させるのかを切り替えられます。
切り替えるには、画面の上部の左端および右端に用意されている「縮小／拡大」ボタンをクリックしてください。

縮小ボタン

拡大ボタン

5 全体を表示させる

ノードのトラックやキーフレーム
の値の変化を示す線が部分的に
しか表示されていない場合には、
キーフレームエディターの右上に
ある「ウィンドウに合わせる」の
アイコンをクリックすることで全
体を表示させることができます。

補足情報：横軸の拡大縮小率の調整

キーフレームエディターの横軸の拡大縮小率は、キーフレームエディター上部にある <-> のスライ
ダーで調整できます。［command（Ctrl）］キーを押しながらマウスホイールを操作しても、横軸
のフレーム数の目盛りをドラッグしても同様に拡大縮小率を変えられます。
また、キーフレームエディター上部にある虫メガネのアイコンをクリックして白くした状態で、キーフ
レームエディター内の領域を斜めにドラッグして四角い領域を指定することで、その四角い領域を
拡大表示することができます。

ノードの開始・終了位置を変更する

　キーフレームエディターの各トラックにあるノードは、カットページやエディットページ
のタイムラインに配置されているクリップと同様の操作で開始・終了位置を調整できます。

ポインタをノードの左端付近に持
っていくとカーソルの形状が変化
し、ドラッグしてノードの開始位
置を変更（トリミング）できます。
同様に、ポインタをノードの右端
付近に持っていくと、ドラッグし
てノードの終了位置を変更できま
す。それ以外のノード上をドラッ
グすると、ノードの全体の長さを
変えることなく位置をずらす（ス
リップさせる）ことができます。

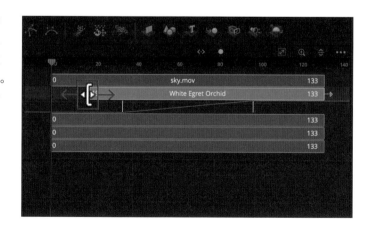

ヒント：積極的にトリミングして処理を軽くする

ビデオクリップを単純にFusionページで開いている場合などは、キーフレームエディターの各ト
ラックのノードの幅はイン点とアウト点の外側も含んだ元のクリップ全体と同じ長さになっています。
この状態だと、クリップの使用していない部分で余分なメモリを消費し、プロセッサ使用率も高く
していることになります。各トラックのノードを適切にトリミングすることで、Fusionページでの処
理を最適化し負荷を抑えることができます。

キーフレームの位置を移動させる

キーフレームエディターで表示されている白い縦線は、タイムルーラーの白い縦線と同様にキーフレームの位置をあらわしています。この白い縦線はタイムルーラーでは動かせませんが、キーフレームエディターでは次のいずれかの操作で移動させることができます。

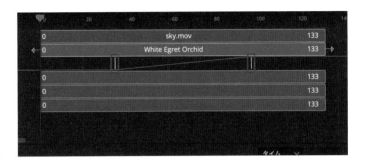

▶ ドラッグして移動させる

キーフレームの位置をあらわす白い縦線は、ドラッグして自由に位置を移動させることができます。

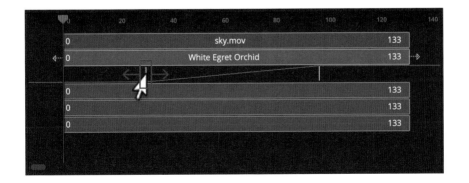

▶ 「タイム」に数値を入力して移動させる

キーフレームエディターの右下にある「タイム」という項目の数値は、現在選択中の
キーフレームのフレーム数（横軸上の位置）をあらわしています。この数値をクリッ
クしてアクティブにし、キーボードでフレーム数を入力して［return］キーや［enter］
キーを押すことで、キーフレームをその位置に正確に移動させることができます。

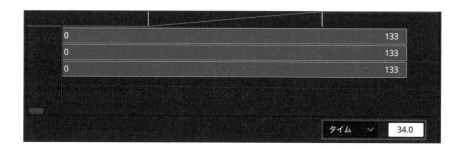

▶ 「オフセット」に相対値を入力して移動させる

キーフレームをあらわす白い縦線（複数可）を選択した状態でキーフレームエディ
ターの右下にある「タイム」という項目をクリックして「オフセット」に変更し、そ
の右側に相対的に移動させるフレーム数を入力して［return］キーや［enter］キー
を押すことで、数値の分だけキーフレームを移動させることができます。
たとえば、「5」と入力すると現在の位置から5フレーム右側に移動し、「-5」と入力す
ると現在の位置から5フレーム左側に移動します。

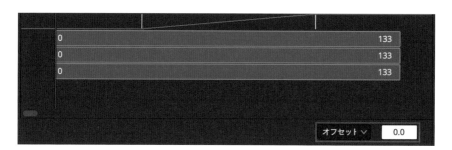

▶ 表計算方式で位置と値の両方を変更する

キーフレームエディターの左側に表示されているトラック名を選択した状態で、キー
フレームエディターの左下にある「Show/Hide Spresdsheet」のアイコンをクリッ
クすると、キーフレームの位置と値が表計算方式で一覧表示されます。ここで数値を
入力して変更し［return］キーや［enter］キーを押すことで、位置と値を直接変更
できます。

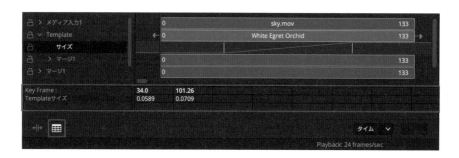

スプラインエディター

スプラインエディターは、非常に多機能なキーフレームエディターです。ここでは、基本的な曲線の調整方法からキーフレームでの変化を繰り返させる方法まで、スプラインエディターの基本機能の操作方法を紹介していきます。

スプラインエディターの表示の調整

はじめに、スプラインエディターを表示させて、その表示領域を適切な大きさにし、必要な項目が適切なサイズで表示されるように表示を整える手順について解説しておきます。

1 画面右上の「スプライン」をクリックする

Fusionページの画面右上にある「スプライン」をクリックすると、ノードエディターの右側にスプラインエディターが表示されます。初期状態では、左側のヘッダー領域にキーフレームが設定されているノードとその項目名が表示されます。

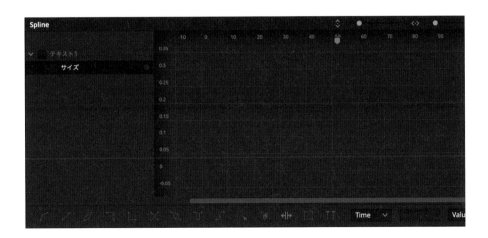

補足情報：スプラインエディターを表示させるその他の方法

[F8]キーを押しても同様にスプラインエディターが表示されます。また、ノードエディターでノードを右クリックし、「スプラインを編集」を選択しても表示させることができます。ただし、これらの方法ではスプラインエディターを消すことはできません。消す場合は画面右上の「スプライン」をクリックしてください。

2 キーフレームの値の変化をあらわす線を表示させる

スプラインエディターの左側はヘッダー領域となっており、そこで表示されているノード名やインスペクタの項目名の左横にあるチェックボックスにチェックを入れるとその値の変化をあらわす線が表示されます。項目名が表示されていない場合は、ノード名の左側にある「＞」をクリックしてください。

チェックされている状態でさらにクリックすると、チェックマークが角丸の四角形に変わり、線は表示されたままで編集不可の状態になります。もう一度クリックすると、チェックマークが消えて線も消えます。

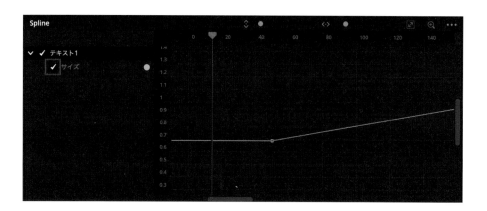

補足情報：選択したツールのみ表示

スプラインエディターの右上にある「…」メニューを開くと「すべて非表示」という項目があって、すべての項目を非表示にすることができます。その状態からすべてを表示させるには「すべて表示」を選択してください。「すべて表示」が選択されている状態でさらに「選択したツールのみ表示」を選択することで、ノードエディターで選択されているノードだけを表示させることもできます。

補足情報：線の色を変える

ヘッダーの項目名の右側にある●は線の色をあらわしています。この●をクリックすることで、線の色を変えられます。また、項目名を右クリックして「カラーを変更…」を選択しても同様に変更できます。

3 スプラインエディターの表示領域を調整する

必要であれば、スプラインエディターの表示領域を広くすることもできます。スプラインエディターの領域の左・上・右の端はドラッグして領域の大きさを変えられます。

また、画面上部で表示と非表示を切り替えられるノードエディターやインスペクタ、メディアプール、エフェクト、メタデータを消すことで、スプラインエディターを幅いっぱいに表示させることができます。

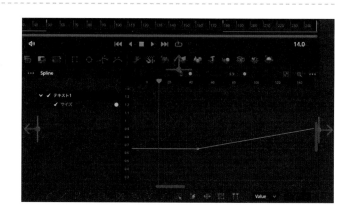

4 全体を表示させる

キーフレームの値の変化を示す線が部分的にしか表示されていない場合には、スプラインエディターの右上にある「ウィンドウに合わせる」のアイコン（）をクリックすることで全体を見やすい状態で表示させることができます。

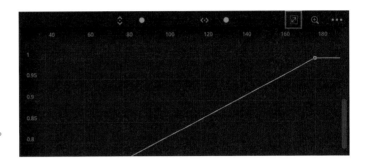

速度に緩急をつける（直線を曲線に変える）

キーフレームの値の変化をあらわす線は、初期状態では直線になっています。この直線の角の部分を曲線に変えるには、キーフレームをあらわしている線上の小さな□を選択した上で次のいずれかの操作をしてください。

□は直接クリックしても選択できますし、ドラッグして複数の□を囲っても選択できます。また、ツールバーの「すべて選択」のアイコンをクリックすることで、すべての□を選択できます（キーボードショートカットは [command（Ctrl）] + [A] です）。

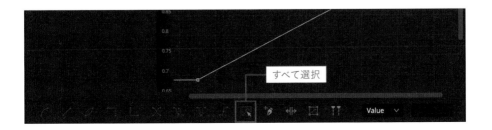

ヒント：横軸は時間、縦軸は値

スプラインエディターの横軸は時間（フレーム数）、縦軸はインスペクタの値の数値をあらわしています。そのため、キーフレームの値の変化をあらわす線が直線の場合は、値は一定の速度で変化することになります。この線の角の部分を曲線に変えることで、その部分の値の変化をなめらかに遅くする（緩急をつける）ことができます。

▶ ツールバーの「スムース」をクリックする

ツールバーの左端にある「スムース」をクリックすると直線の角が曲線に変化します。

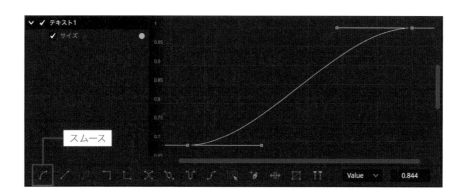

ヒント：直線に戻す場合は「リニア」をクリック

曲線を直線に戻すには、キーフレームを選択した状態で「スムース」の右隣にある「リニア」をクリックしてください。

▶ ［S］キーまたは［F］キーを押す

［S］キーまたは［F］キーを押すと直線の角が曲線に変化します。

▶ ハンドルを操作して手動で曲線にする

キーフレームを選択すると表示されるハンドル（キーフレームから出ている線の先にある□）をドラッグして動かすことで、手動で直線の角を曲線に変えることができます。ただしこの方法だと、1つずつしか変えられません。

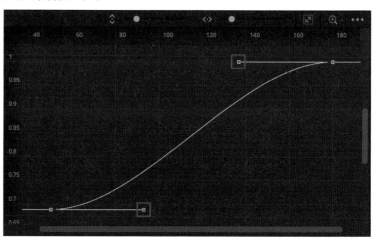

▶ 右クリックして「スムース」を選択する

キーフレームの□を右クリックして「スムース」を
選択すると直線の角が曲線に変化します。キーボー
ドショートカットは［shift］＋［S］です。

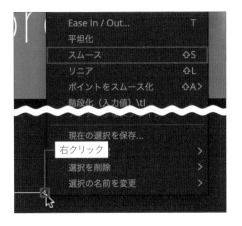

> **ヒント：直線に戻す場合は「リニア」を選択**
>
> 曲線を直線に戻すには、キーフレームの□を右クリック
> して「リニア」を選択してください。キーボードショート
> カットは［shift］＋［L］です。

曲線を数値で調整する

　曲線の曲がり具合はハンドル（キーフレームから出ている線の先にある□）をドラッグ
して動かすことで微調整できますが、数値を見ながら正確に調整することも可能です。

　曲線を数値で調整するには、キーフレームをあらわしている線上の小さな□を選択した
上で次のように操作してください。

1 右クリックして「Ease In / Out...」を選択する

曲線の表示されている領域を右クリックして「Ease In / Out...」を選択します。

> **補足情報**
>
> キーボードショートカッ
> トは「T」です。

2 「Ease In」と「Ease Out」が表示される

横軸の目盛りの上に「Ease In」
と「Ease Out」という項目が表
示され、それぞれの値が数値で
示されます。

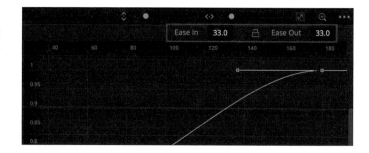

3 数値をドラッグか入力する

「Ease In」または「Ease Out」の
数値をドラッグすることで数値を
変えることができます。また、数
値は直接入力することもできます。

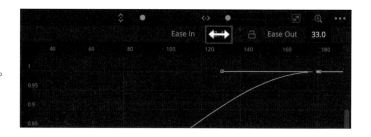

> **補足情報：鍵アイコンで「In」と「Out」を同時に変更**
>
> 「Ease In」と「Ease Out」の間にある鍵アイコンをクリックして白くす
> ると、「Ease In」の値しか変えられなくなります。この状態で「Ease
> In」の数値を変更すると、「Ease Out」は常に「Ease In」の値と同じ
> 値になります。

キーフレームの削除と追加

　キーフレームを削除するには、キーフレームを選択して［delete］キーまたは
［backspace］キーを押すか、右クリックして「Delete」を選択してください。
　キーフレームを追加するには次のいずれかの操作をおこなってください。

▶ 線上をクリックする

キーフレームの値の変化を
あらわす線上にポインタを
近づけるとカーソルの右上
に「＋」マークが現れます。
その状態で線上をクリック
するとキーフレームが追加
されます。

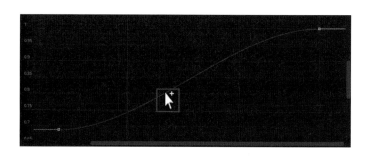

▶ 「クリックして追加」を選択して線上をクリックする

ツールバーの「クリックして追加」を選択した状態で、キーフレームの値の変化をあらわす線上をクリックするとキーフレームが追加されます。

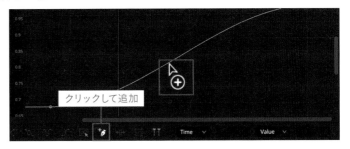

▶ 再生ヘッドを合わせて ［command（Ctrl）］＋［K］を押す

キーフレームを追加したい位置に再生ヘッドを合わせ、［command（Ctrl）］＋［K］を押すとその位置にキーフレームが追加されます。

キーフレームの位置を移動させる

キーフレームの値の変化をあらわす線上にある小さな□は、キーフレームをあらわしています（キーフレームを選択すると現れる□はキーフレームではなく曲線を操作するハンドルです）。スプラインエディターでは次のいずれかの操作でキーフレームを上下左右に自由に移動させることができます。

ヒント：横軸と縦軸の両方向に移動できる

キーフレームエディターの場合は、キーフレームは横軸（フレーム数）方向にしか移動できませんでした。しかしスプラインエディターでは横軸方向だけでなく、縦軸方向にも移動させられます。これはキーフレームの時間的な位置だけでなく値も同時に変更できるということです。

▶ ドラッグして移動させる

キーフレームの位置をあらわす□は、ドラッグして自由に移動させることができます。複数のキーフレームを選択している場合は、それらを同時に移動できます。

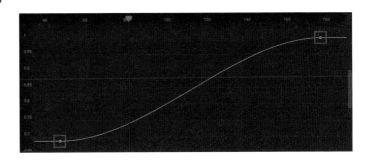

ヒント：まっすぐに移動させるには？

［shift］キーまたは［option（Alt）］キーを押しながら移動させると、上下または左右にまっすぐの状態で移動させられます。

ヒント：ポインタに＋マークが出ていると……

ポインタの右上に＋マークが出ている状態で線上クリックすると、キーフレームが追加されますので注意してください。

▶ 数値を入力して移動させる

スプラインエディターの右下にある「Time」という項目の数値は、現在選択中のキーフレームのフレーム数（横軸上の位置）をあらわしています。この数値をクリックしてアクティブにし、キーボードでフレーム数を入力して [return] キーや [enter] キーを押すことで、キーフレームをその位置に正確に移動させることができます。

また、「Time」の右横にある「Value」は値（縦軸上の位置）をあらわしており、同様の操作で移動させることができます。

> **補足情報：「Time」が表示されないときは？**
>
> スプラインエディターの表示領域の幅が狭いと「Time」や「Value」は表示されなくなります。その場合は、ノードエディターを一時的に非表示にするなどして、スプラインエディターの幅を広くしてください。

▶ 相対値を入力して移動させる

キーフレーム（複数可）を選択した状態でスプラインエディターの右下にある「Time」という項目をクリックして「T Offset」に変更し、その右横に相対的に移動させるフレーム数を入力して [return] キーや [enter] キーを押すことで、数値の分だけキーフレームを移動させることができます。

たとえば、「10」と入力すると現在の位置から10フレーム右側に移動し、「-10」と入力すると現在の位置から10フレーム左側に移動します。

また、「Time」の右横にある「Value」を「Offset」に変更することで、同様に値を相対的に変更できます。

▶ キーフレームの線を横軸方向に伸縮させる

連続する複数のキーフレームを選択した状態でツールバーの「タイムストレッチ」をクリックすると、選択した範囲の左右両端のキーフレームに白い縦の線が表示されます。この白い縦の線を左右にドラッグすることで、選択した範囲のキーフレームを相対的な距離の比率を保ったまま横方向に伸縮させることができます。簡単に言えば、白い縦線の間にあるキーフレームの値の変化をあらわす線を横方向に伸ばしたり縮めたりできるということです。

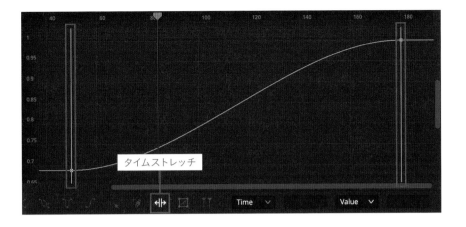

▶ キーフレームの線を上下左右に自由に伸縮させる

「タイムストレッチ」は横軸方向にのみ伸縮できる機能ですが、それを上下左右に自由に伸縮できるようにしたのが「シェイプボックス」です。連続する複数のキーフレームを選択した状態でツールバーの「シェイプボックス」をクリックすると、選択した範囲のキーフレームが白い四角形の線で囲われ、その線自体や線上の□をドラッグすることで四角形内の線を自由に変形できます。

各辺の中央にある□をドラッグすると、横軸または縦軸に沿って伸縮できます。角の□は、上下左右だけでなく斜め方向にもドラッグできます。四角形の形状を保ったまま移動させたい場合は、□ではなく白い線をドラッグしてください。

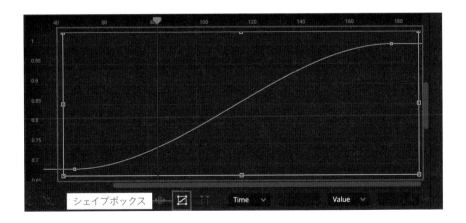

キーフレームを繰り返させる

　たとえば図形が左から右に移動するように2つのキーフレームを設定したとします。スプラインエディターを使用すると、その動きを単純に繰り返させたり、左から右に行って左に戻る動きを繰り返させる（順再生と逆再生を繰り返させる）ことなどができます。繰り返しはクリップの長さいっぱいにもできますし、指定回数だけ繰り返させることもできます。また、繰り返しは、選択したキーフレームから後方にでも前方にでもさせられます。

用語解説：ループ

ツールバーの「ループに設定」「ピンポンに設定」「相対値に設定」、およびキーフレームの線が表示されている領域を右クリックして表示される「ループに設定」「プリループを設定」に含まれる機能が「ループ」です。わかりやすく言えば、「複製」以外の繰り返しの機能が「ループ」です。
ループは、キーフレームを複製して増やす機能ではなく、元になっているキーフレームを繰り返し実行させる機能です。そのため、元になっているキーフレームを変更すると、繰り返されている部分も同様に変化します。ループを削除するには、繰り返しの元になっているキーフレームを選択した状態で、指定済みの繰り返しの機能を再度選択してください。

用語解説：複製

キーフレームの線が表示されている領域を右クリックして「複製」を選択し、指定した回数だけ繰り返させる機能が「複製」です。「複製」は「ループ」とは異なり、キーフレームが複製されて増えた状態になります。そのため、複製した後に元になっているキーフレームを変更しても、複製されたキーフレームは変化しません。複製されたキーフレームを削除するには、キーフレームを選択して [delete] キーまたは [backspace] キーを押してください。

**補足情報：ループの
　　　　繰り返す範囲**

ループでキーフレームを繰り返させた場合、基本的には選択したキーフレームの直後からクリップの終わりまで繰り返されます。ただし、選択したキーフレームの後に別のキーフレームが設定されている場合はその直前まで繰り返されます。

▶ 単純に繰り返させる（ループに設定）

　スプラインエディターで連続した複数のキーフレームを選択し、ツールバーの「ループに設定」をクリックすると、選択したキーフレームがその直後からクリップが終了するまで繰り返されます。

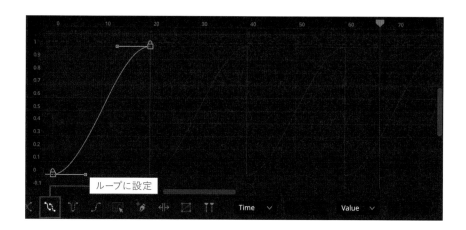

<table>
<tr><td>ヒント：左から右へ移動するキーフレームの場合</td><td>補足情報：右クリックして「ループに設定」→「ループ」でもOK</td></tr>
<tr><td>ツールバーの「ループに設定」で繰り返させると、「左→右」「左→右」という動きを繰り返します（右から左へと戻る動きはありません）。</td><td>キーフレームの線が表示されている領域を右クリックして「ループに設定」→「ループ」を選択しても同様に繰り返させることができます。</td></tr>
</table>

▶ 順再生と逆再生を繰り返させる（ピンポンに設定）

スプラインエディターで連続した複数のキーフレームを選択し、ツールバーの「ピンポンに設定」をクリックすると、選択したキーフレームの順再生と逆再生が繰り返されます。

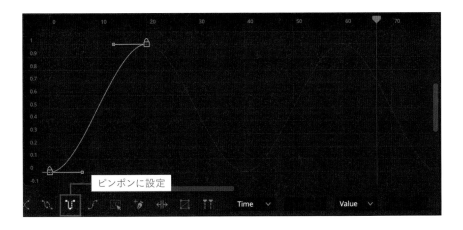

ピンポンに設定

ヒント：左から右へ移動するキーフレームの場合

ツールバーの「ピンポンに設定」で繰り返させると、「左→右」「右→左」という動きを繰り返します（左から右へ行き、右から左へと戻る動きを繰り返します）。

補足情報：右クリックして「ループに設定」→「ピンポン」でもOK

キーフレームの線が表示されている領域を右クリックして「ループに設定」→「ピンポン」を選択しても同様に繰り返させることができます。

▶ 値を相対的に変えながら繰り返させる（相対値に設定）

スプラインエディターで連続した複数のキーフレームを選択し、ツールバーの「相対値に設定」をクリックすると、選択したキーフレームがその直後からクリップが終了するまで繰り返されます。ただし、「ループに設定」の場合とは異なり、各繰り返しのキーフレームの最後の値が、次の繰り返しのキーフレームの最初の値となるように値が相対的に変化していきます。そのため、繰り返しの元になっているキーフレームの最初の値と最後の値が同じでない限り、キーフレームの値はどんどん増えていくか減っていくことになります。

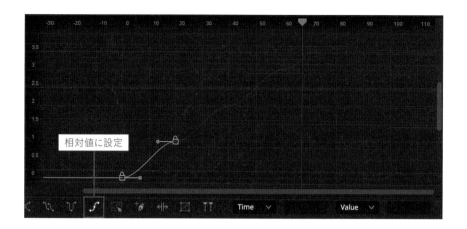

ヒント：左から右へ移動するキーフレームの場合

ツールバーの「相対値に設定」で繰り返させると、繰り返すたびに値が大きくなるため対象物は左から右へとどんどん移動していき、すぐに見えなくなります。

補足情報：右クリックして「ループに設定」→「相対」でもOK

キーフレームの線が表示されている領域を右クリックして「ループに設定」→「相対」を選択しても同様に繰り返させることができます。

▶ 選択したキーフレームから前方に繰り返させる（プリループを設定）

ツールバーの「ループに設定」「ピンポンに設定」「相対値に設定」は、元になる選択したキーフレームから後方（右側）へと繰り返させる機能です。これを前方（左側）へと繰り返させたい場合は、キーフレームの線が表示されている領域を右クリックして「プリループを設定」から「ループ」「相対」「ピンポン」のいずれかを選択してください。

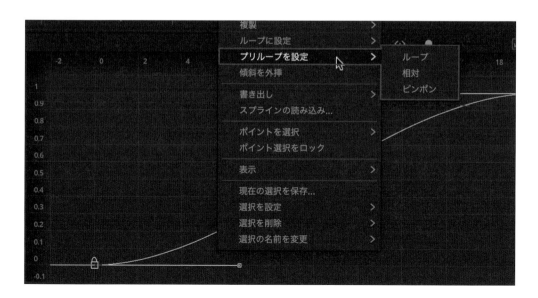

指定した回数だけ繰り返させる（複製）

キーフレームを指定した回数だけ繰り返させるには、スプラインエディターで連続した複数のキーフレームを選択した上で、キーフレームの線が表示されている領域を右クリックして「複製」から「ループ...」「相対...」「ピンポン...」のいずれかを選択してください。すると繰り返す回数を入力するダイアログが表示されますので、回数を入力し「OK」ボタンを押すと指定した回数だけキーフレームが複製されます。

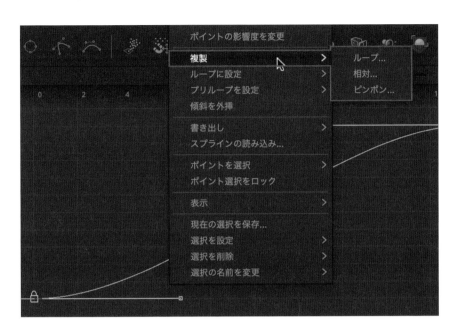

2-3-3

キーヤー

映像の一部を抜き出して透明にする機能を持ったノードのことをキーヤーと言います。ここでは、代表的なキーヤーであるデルタキーヤー（グリーンやブルーの部分を透明にするキーヤー）とルマキーヤー（特定の明るさの部分を透明にするキーヤー）の使い方と、透明にした映像をきれいに合成する方法を紹介します。

キーヤーとは？

映像データに含まれる特定の情報を元にして映像の一部を抜き出すことをキーイング（keying）と言います。一般的な例で言えば、映像のグリーンの部分だけを抜き出して透明にし、別の背景を表示させるような処理がキーイングです。そのキーイングをおこなうためのツール（ノード）のことをキーヤー（Keyer）と言います。

Fusionページで「エフェクト」を表示させると、「Tools」→「マット」のところに次の5つのキーヤーが用意されています。

- デルタキーヤー
- ルマキーヤー
- クロマキーヤー
- ウルトラキーヤー
- 差キーヤー

この中で広く使用されているのがデルタキーヤー（Delta Keyer）とルマキーヤー（Luma Keyer）の2つです。

グリーンバックやブルーバックで撮影した映像のグリーンやブルーの部分を透明にする際には、一般にデルタキーヤーが使用されます。同様の処理はクロマキーヤーやウルトラキーヤーでも可能ですが、デルタキーヤーはグリーンやブルーの部分を抜く処理に特化して最適化され、かつ高機能であるため、通常はこのツールが使用されます。

ルマキーヤーは、特定の輝度の部分を透明にするキーヤーです。曇って真っ白になっている空だけを抜き出して透明にし、そこに青空を合成するような場合に使用されます。

デルタキーヤー（緑や青の部分を透明にする）

デルタキーヤーは、グリーンバックやブルーバックで撮影した映像のグリーンやブルーの部分を透明にする際に使用されるキーヤーです。デルタキーヤーのインスペクタのタブは、一般的にその作業が行われる順番に配置されています。

ここでは、デルタキーヤーを使って前景のグリーンやブルーの部分を透明にし、背景の映像と合成する際の一般的な処理の手順を紹介します。

1　前景と背景をマージで接続する

はじめに、前景となるグリーンバックまたはブルーバックの映像素材と、その背景として表示させる映像素材を用意してマージノードで接続します。

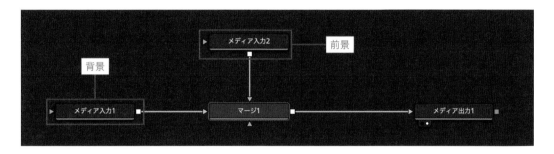

前景となるグリーンバックの素材（出典元は最終ページに記載）

背景として表示させる素材

ヒント：ノードの名前をわかりやすいものに変更する

この段階で前景と背景の名前をわかりやすいものに変更しておくと、ここから先の作業が楽になります。ノードの名前を変更するには、ノードを選択して[F2]キーを押すか、ノードを右クリックして「名前を変更…」を選択してください。

サンプルファイルの場所

背景用の画像ファイル
→ samples/images/shikizakura.jpg

ヒント：前景と背景の解像度が異なる場合

たとえば、前景がフルHD（1920×1080）の素材であるのに対し、背景が4K（3840×2160）の素材であるような場合には、背景の解像度を変更する必要が生じる可能性があります。そのような場合には、背景のノードの直後に「エフェクト」の「Tools」→「変形」内にある「リサイズ」を挿入することで映像の解像度を変えることができます。インスペクタで解像度の「幅」と「高さ」を個別に指定できるほか、「自動解像度」にチェックを入れることでタイムライン解像度と同じにすることができます。「リサイズ」ノードはクリップの解像度自体を変更しますが、「変形」ノードはクリップの解像度を変更せずに表示上の大きさだけを変える点が異なります。

2 前景の直後にデルタキーヤーを挿入する

「エフェクト」の「Tools」→「マット」内にある「デルタキーヤー」を前景の直後（「メディア入力2」と「マージ」の間）に挿入してください。

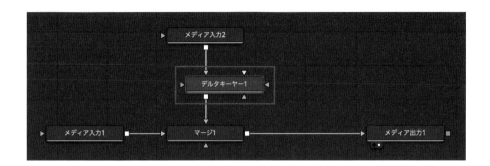

3 透明にする色を選択する

「デルタキーヤー」が選択されている状態で、インスペクタの「背景のカラー」のスポイトをビューアのグリーンまたはブルーの部分にドラッグしてくると、その位置の色が抜けた状態になります。スポイトの位置によって色の抜け具合が違ってきますので、より多くの領域の色が抜ける位置でマウスボタンから指を離すと、その色が選択されます。

ヒント：被写体の近くの色を選ぶのがコツ
色をキレイに抜くためには、被写体の近くでより多くの領域の色が抜ける位置を選択してください。被写体から離れた部分については、この後に解説するガベージマット（p.137）でまとめて完全に透明にすることができます。被写体の中で色が透明になってしまった部分については、ソリッドマット（p.140）で別途修正できます。

ヒント：スポイトで点ではなく領域を選択するには？
ドラッグ中に［command（Ctrl）］キーを押すと、その位置から斜めにドラッグして四角形の領域が選択できます。ただし、その場合はその領域に含まれるすべての色が選択されるわけではなく、その領域内の色の平均値が採用される点に注意してください。

4 ビューアの一方をアルファチャンネル表示にする

色の抜け具合がはっきりとわかるようにするために、ここからの作業はデュアルビューア
（2つのビューア）で、かつその一方をアルファチャンネル表示（白黒にして透明になる部
分を黒で表示）に切り替えておこないます。

まず、シングルビューアで作
業をおこなっていた方は、ビ
ューア右上にある「四角形が
横に2つ並んでいるアイコ
ン」をクリックしてデュアル
ビューアに切り替えてくださ
い。
次に、「デルタキーヤー」の
ノードを左のビューアに表示
させ、左のビューアの右上に
あるカラーボタン（ ● ）をク
リックすると白黒のアルファ
チャンネル表示に切り替わり
ます。

ここをクリック（図はクリック後の状態）

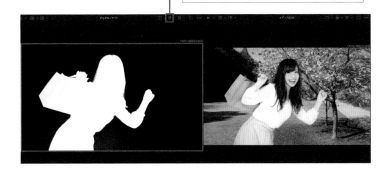

ヒント：アルファチャンネル表示の色の意味

アルファチャンネル表示では、透明になる部分を黒で表示します。白は透明
にならない部分をあらわしています。濃いグレーの部分は透明に近い半透明、
薄いグレーの部分は不透明に近い半透明となります。ここからの作業は、こ
のグレーの部分を無くし、白と黒とに分けるためにおこないます。

5 インスペクタの「キー」タブでの調整

はじめに、現在開いているインスペクタの「キー」タブにある「ゲイン」で調整をおこない
ます。「ゲイン」の値を大きくすると、抜く色の範囲が広がり、透明（白黒の画面では黒）
の領域が増えます。値は、被写体に悪い影響がでない範囲での最大値に設定してください。

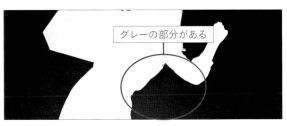

グレーの部分がある

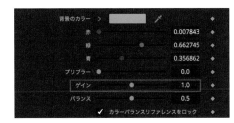

ゲインが1.0（初期状態）だとグレーの部分がある（値が小さすぎの状態）

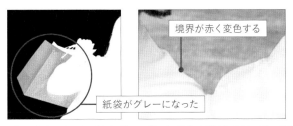

境界が赤く変色する

紙袋がグレーになった

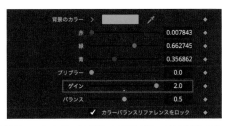

ゲインを2.0まで上げるとグレーだった部分は濃くなるが、逆に紙袋がグレーになり、被写体の境界が赤っぽく変色する
（値が大きすぎの状態）

重要 : 被写体に悪い影響がでないように注意する

デルタキーヤーのインスペクタだけで無理をして色を抜こうとすると、被写体が半透明（グレー）になってしまったり、輪郭の一部や髪の毛のような細部が消えてしまうことがあります。また、透明な部分と被写体との境界が変色してしまうこともありますので、この作業をおこなう際は白黒のビューアだけでなく、カラーの状態での確認も必要となります。

この段階では、すべての色を完璧に抜くことよりも、被写体に悪い影響を出さないことを優先して調整してください。細部については、ビューアを拡大表示にして確認しながら作業するといいでしょう。

---

6 インスペクタの「プリマット」タブでの調整

次に、インスペクタの左から2番目にある「プリマット」のタブを開きます。そのまま白黒のビューア上で黒い領域に残っているグレーの部分を斜めにドラッグすると、その範囲が選択され、その部分を黒くすることができます。この作業は続けて何回でもおこなうことができます。

ヒント : 見えないグレーを「ゲイン/ガンマ」で確認

白黒のビューアの右上にある「…」を開いて「ゲイン/ガンマ」を選択すると、ビューアのゲインとガンマを調整するためのスライダーが表示されます。ガンマのスライダーを右に動かして明るくすることで、黒にしか見えていなかった部分に残っていたグレーの部分がハッキリと見えるようになります（逆にスライダーを左に動かすことで白の領域に残っているグレーの部分が確認できます）。「プリマット」のタブでの作業をおこなう際は、ガンマのスライダーで明るさを調整した状態で作業することをおすすめします。

「ゲイン/ガンマ」のスライダーを消すには、まずガンマの値を元に戻し、それから「…」を開いてもう一度「ゲイン/ガンマ」を選択してください。

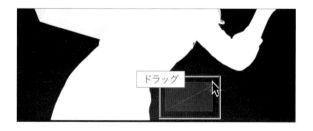

---

7 インスペクタの「マット」タブでの調整

次に、インスペクタの左から3番目にある「マット」のタブを開きます。ここでは、「しきい値」のスライダーを操作して残っているグレーの部分を白にするのか黒にするのかを切り分けていきます（これがデルタキーヤーでのもっとも重要な作業となります）。

左の「低」の側の○を右に動かすと、黒い領域に残っていたグレーが黒になっていきます。その反対に、右の「高」の側の○を左に動かすと、白い領域に残っていたグレーが白になります。

これでデルタキーヤーでの主な作業は終了ですが、ここまでの作業だけで色を完全に抜く必要はありません。被写体をマスクで囲ってその外部を黒（透明）にする「ガベージマット（p.137）」や、被写体の内部に残っている黒い部分をマスクで囲って白くする「ソリッドマット（p.140）」も活用することで、被写体に悪い影響を出すことなく色を抜くことができます。

> **ヒント：「前景をクリーン」と「後景をクリーン」**
>
> 白い領域内にグレーの領域が残っている場合は、「前景をクリーン」の値を大きくすることでその領域を白くすることができます。同様に、黒い領域内にグレーの領域が残っている場合は、「後景をクリーン」の値を大きくすることでその領域を黒くできます。

ルマキーヤー（特定の輝度の部分を透明にする）

　ルマキーヤーは、特定の明るさの部分を透明にする際に使用されるキーヤーです。白っぽく見える曇り空を透明にして、そこに青空を合成する場合などに多く使用されます。
　ここでは、ルマキーヤーを使って前景の曇り空の部分を透明にし、背景の青空と合成する際の一般的な処理の手順を紹介します。

1 前景と背景をマージで接続する

はじめに、前景となる曇り空の映像素材と、その背景として表示させる青空の素材（動画または画像）を用意してマージノードで接続します。

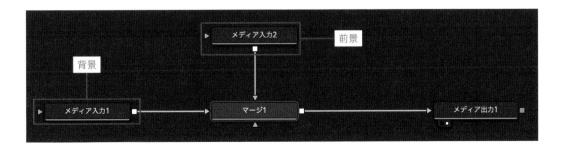

前景となる曇り空の素材

背景として表示させる青空の素材

ヒント：ノードの名前をわかりやすいものに変更する

この段階で前景と背景の名前をわかりやすいもの
に変更しておくと、ここから先の作業が楽になりま
す。ノードの名前を変更するには、ノードを選択して
［F2］キーを押すか、ノードを右クリックして「名前
を変更…」を選択してください。

サンプルファイルの場所

背景が透明な矢印の画像ファイル
→ samples/images/mountain.jpg、sky.jpg

ヒント：前景と背景の解像度が異なる場合

たとえば、前景がフルHD（1920×1080）の素材であるのに対し、背景が4K（3840×2160）
の素材であるような場合には、背景の解像度を変更する必要が生じる可能性があります。そのよう
な場合には、背景のノードの直後に「エフェクト」の「Tools」→「変形」内にある「リサイズ」
を挿入することで映像の解像度を変えることができます。インスペクタで解像度の「幅」と「高さ」
を個別に指定できるほか、「自動解像度」にチェックを入れることでタイムライン解像度と同じにす
ることができます。「リサイズ」ノードはクリップの解像度自体を変更しますが、「変形」ノードはク
リップの解像度を変更せずに表示上の大きさだけを変える点が異なります。

---

2 前景の直後にルマキーヤーを挿入する

「エフェクト」の「Tools」→「マット」
内にある「ルマキーヤー」を前景の
直後（「メディア入力2」と「マージ」
の間）に挿入してください。

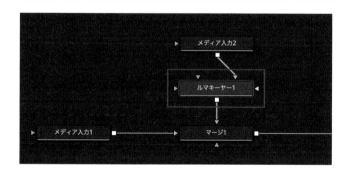

---

3 ビューアの一方をアルファチャンネル表示にする

透明・不透明の状態がはっきりとわかるようにするために、ここからの作業はデュアルビュー
ア（2つのビューア）で、かつその一方をアルファチャンネル表示（白黒にして透明にな
る部分を黒で表示）に切り替えておこないます。

まず、シングルビューアで作業をおこなっていた方は、ビューア右上にある「四角形が横に2つ並んでいるアイコン」をクリックしてデュアルビューアに切り替えてください。

次に、「ルマキーヤー」のノードを左のビューアに表示させ、左のビューアの右上にあるカラーボタン（⚙：○が3つ重なっているアイコン）をクリックすると白黒のアルファチャンネル表示に切り替わります。

ここをクリック（図はクリック後の状態）

ヒント：アルファチャンネル表示の色の意味

アルファチャンネル表示では、透明になる部分を黒で表示します。白は透明にならない部分をあらわしています。濃いグレーの部分は透明に近い半透明、薄いグレーの部分は不透明に近い半透明となります。

4 「反転」をチェックする

「ルマキーヤー」が選択されている状態で、インスペクタの「反転」をチェックします。するとデュアルビューアの表示も変化します。

補足情報：「低　高」のバーの意味

ルマキーヤーのインスペクタには両端に●のあるバーがあります。このバーは左側が低い輝度、右側が高い輝度をあらわしており、初期設定では左の●以下を透明、右の●以上を不透明にします。つまり、暗い部分を透明にして、明るい部分を不透明にするようになっているわけです。今回は逆に明るい部分を透明にしたいので「反転」をチェックしています。

5 インスペクタの「低　高」のバーで調整する

「ルマキーヤー」のインスペクタにある「低　高」のバーの両端の●を動かして、不透明にする範囲と透明にする範囲を調整します。

まず、左の●を右側に移動させて不透明にする明るさの範囲（輝度の下限からどの範囲までを不透明にするか）を調整してください。このとき、「低」の数値を左右にドラッグすることで細かい調整ができます。

次に、右の●を左側に移動させて透明にする明るさの範囲（輝度の上限からどの範囲までを透明にするか）を調整してください。●と●の間の線の太い部分は半透明（グレー）になる範囲です。「高」の数値もドラッグして微調整できます。

ヒント：先にガベージマットやソリッドマットを適用する方法もある

使用する素材にもよるのですが、「低　高」のバーで調整するよりも前の段階で、先に「ガベージマット（p.137）」や「ソリッドマット（p.140）」を適用してしまった方が効率よく作業できる場合もあります。バーでの調整がうまくいかない場合はぜひお試しください。

6 背景の位置や大きさを調整する

背景の位置や大きさを変更したい場合は、背景のノードの直後に「変形」ノードを挿入してください。インスペクタの「センターX　Y」で位置を、「サイズ」で大きさを調整できます。

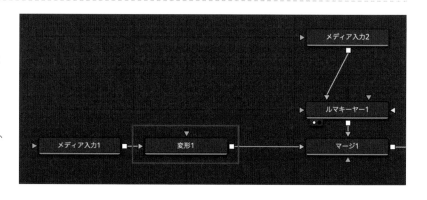

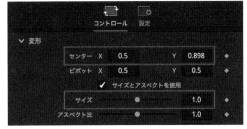

ガベージマット（被写体を囲ってその外側を透明にする）

「四角形」や「Bスプライン」などのマスクを使用して被写体を囲うことで、その外側を完全な透明（黒）にすることができます。マスクは固定位置のままでも使用できますし、トラッカーやキーフレームを活用して被写体と共に移動させることもできます。

ここではまず、マスクを特定の位置に配置したまま動かさずに、その外側を完全な透明にする方法を紹介します。なお、ここでの作業手順は、すでに「デルタキーヤー」または「ルマキーヤー」などのキーヤーを接続済みであることを前提としたものとなっています。

1 マスクのノードをノードエディターに配置する

はじめに、四角形・楕円形・ポリゴン・Bスプラインなどのマスクのうち、被写体を囲むのに適していると思われるノードをノードエディター上に配置します。この段階では、まだ接続はしません。

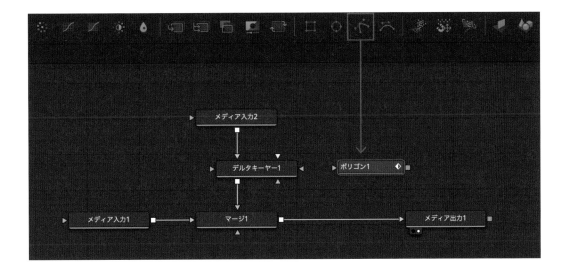

2 マスクで 被写体を囲む

「ポリゴン」または「Bス
プライン」を選んだ場合
は、クリックして被写体を
囲ってください。四角形ま
たは楕円形を選んだ場合
は、マスクが被写体の全
体を囲うように位置と大き
さを調整します。このとき、
すべてのフレームで被写
体がマスクからはみ出さ
ないように、再生して確認
してください。

ヒント：マスクはキーフレームで動かせる

マスクの位置は、キーフレームを活用して動かしても問題ありません。被写体やカメラが大きく動いて
いるような場合には、マスクの位置や大きさを手動で調整することでより良い結果が得られます。

補足情報：ポリゴンおよびBスプラインの被写体の囲い方

ポリゴンまたはBスプラインのノードが選択された状態になっていると、ポインタは＋型になっていま
す。その状態でビューア上の被写体を囲うように必要なだけクリックして多角形を描いてください。
最初にクリックしたポイント付近にポインタを置くと、ポインタの右下に○印があらわれます。その
状態でクリックすることで、多角形は閉じた状態になります。

3 マスクの出口をキーヤーの灰色の入口に接続する

マスクの出口をキーヤーの灰色の入口
（ガベージマット）に接続してください。
その際、キーヤーには、よく似た白の入
口と灰色の入口がありますので間違えな
いように注意してください。接続すると、
一時的に被写体が消えます。

ヒント：何の入口なのかを確認する方法

キーヤーの入口の▲の上にポインタの先
を合わせると、その入口が何の入口なの
かが表示されます。ここでは「ソリッド
マット」ではなく「ガベージマット」の方
に接続します。「ガベージマット」の入口
からマスクの出口に接続することも可能
です。

4 インスペクタの「反転」をチェックする

マスクのインスペクタの「反転」をチェックすると被写体が表示され、そのマスクの外側の領域がすべて完全な透明（黒）になります。

マスクの外側が透明になる（この作例では変化なし）

ガベージマット＋平面トラッカー

「四角形」や「Bスプライン」などのマスクを使用して被写体を囲うことで、その外側を完全な透明（黒）にすることができます。ここでは、「平面トラッカー」を使用してマスクを被写体と連動させて動かす際の一般的な操作手順を紹介します。なお、ここでの作業手順は、すでに「デルタキーヤー」または「ルマキーヤー」などのキーヤーを接続済みであることを前提としたものとなっています。

1 平面トラッカーをノードエディターに配置する

はじめに、「平面トラッカー」をノードエディター上に配置します。

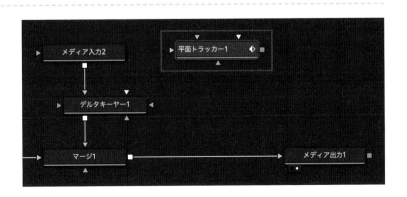

2 前景の出口を平面トラッカーに接続する

前景の出口を「平面トラッ
カー」の黄色の入口に接
続してください。

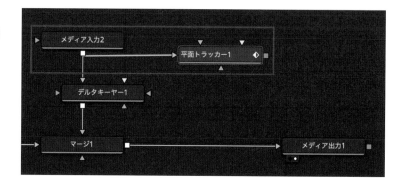

3 クリックして
被写体を囲む

「平面トラッカー」ノード
が選択されている状態で
被写体をクリックして囲
んでください。

「平面トラッカー」の詳し
い 操 作 方 法 に つ い て は
『「平面トラッカー」による
トラッキング（p.089）』
を参照してください。

4 トラッキングする

通常の「平面トラッカー」の操作と同じようにトラ
ッキングします。

ヒント：被写体がはみ出てもOK

トラッキングの最中に被写体が囲った範囲から出てし
まうと、その部分も透明になります。しかし、この選
択範囲は後からでも修正可能ですので、この段階で細
かいことを気にする必要はありません。

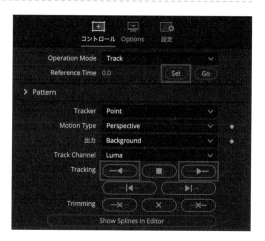

5 インスペクタの「出力」を「Mask」にする

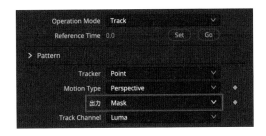

「平面トラッカー」のインスペクタの「出力」を
「Mask」に変更します。

6 平面トラッカーの出口をキーヤーの灰色の入口に接続する

「平面トラッカー」の出口をキーヤーの灰色の入口（ガベージマット）に接続してください。
接続すると、一時的に被写体が消えます。

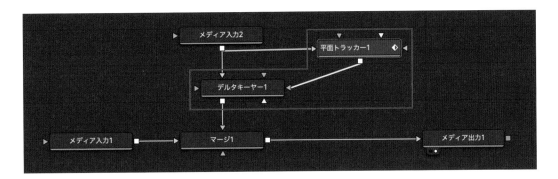

7 「マスク」のガベージマットの項目を含むタブを開く

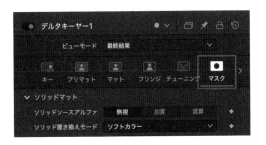

「デルタキーヤー」の場合は、インスペクタの左から
6番目にある「マスク」のタブを開いてください。「ル
マキーヤー」の場合は、一番左にある「コントロー
ル」のタブのままでOKです。

8 「ガベージマット」の「反転」をチェックする

「ガベージマット」という項目にある「反転」をチェックすると被写体が表示され、囲った範囲の外側が透明の状態になります。

マスクの外側が透明になる（この作例では変化なし）

ヒント：被写体がはみ出た場合

平面トラッカーのノードを選択すると、被写体を囲っている線が表示されます。被写体がはみ出ているフレームに移動し、被写体が線からはみ出さないように□をドラッグして修正してください。線上をクリックして□を増やすこともできます。

ソリッドマット（透明にしない領域を指定する）

マスクの外側を完全な透明（黒）にするガベージマットとは逆に、マスクの内側を完全な不透明（白）にするのがソリッドマットです。被写体の一部が半透明になってしまっている場合などに活用できます。

なお、ここで紹介する作業手順は、すでに「デルタキーヤー」または「ルマキーヤー」などのキーヤーを接続済みであることを前提としたものとなっています。

1 マスクのノードをノードエディターに配置する

はじめに、四角形・楕円形・ポリゴン・Bスプラインなどのマスクのノードをノードエディター上に配置します。この段階では、まだ接続はしません。

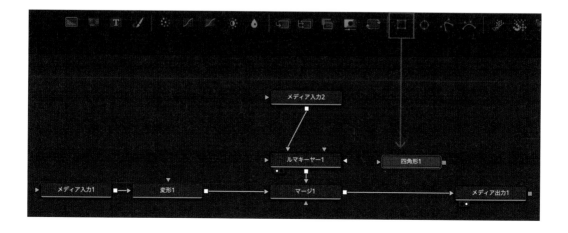

2 マスクで不透明（白）にしたい領域を囲む

不透明（白）にしたい領域を囲うようにマスクの位置と大きさを調整します。「ポリゴン」
または「Bスプライン」を選んだ場合は、クリックして領域を囲ってください。

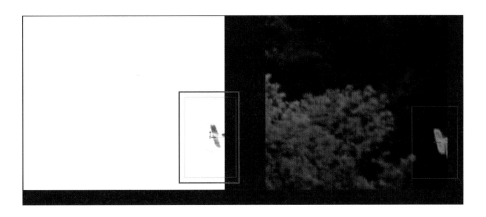

> **ヒント：マスクはキーフレームで動かせる**
>
> マスクの位置は、キーフレームを使用して動かしても問題ありません。マスクの位置や大きさを手
> 動で細かく調整することでより良い結果が得られます。

3 マスクの出口をキーヤーの白い入口に接続する

マスクの出口をキーヤーの白い入口
（ソリッドマット）に接続してください。
その際、キーヤーには、よく似た薄い
灰色の入口（ガベージマット）もあり
ますので注意してください。これでマ
スクで囲った領域内が完全な不透明
（白）になります。

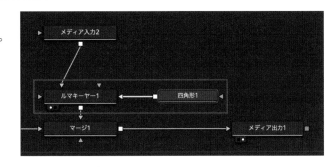

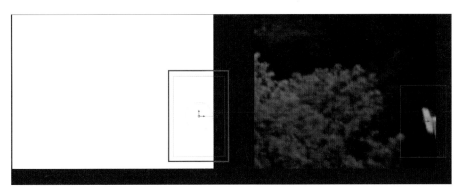

前景と背景をカラーページの個別のノードに振り分ける

Fusionページで合成した映像をカラーページで開くと、前景と背景が合成済みの状態となっており、前景と背景を別々に補正することはできません。しかしFusionページで「メディア出力」ノードを1つ追加しておくことで、カラーページでも前景と背景を個別のノードに振り分けて別々に補正することが可能となります。ここでは、Fusionページでの前景と背景をそのままカラーページでも別々のノードとして扱えるようにする方法を紹介します。

1 「メディア出力」をノードエディターに配置する

Fusionページで「エフェクト」の「Tools」→「入出力」内にある「メディア出力」をノードエディターに配置します。ノードの名前は「メディア出力2」になります。

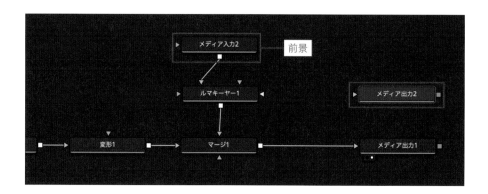

2 キーヤーの出口を「メディア出力2」の入口に接続する

「デルタキーヤー」または「ルマキーヤー」の出口を「メディア出力2」の入口に接続してください。Fusionページでの作業はこれだけです。

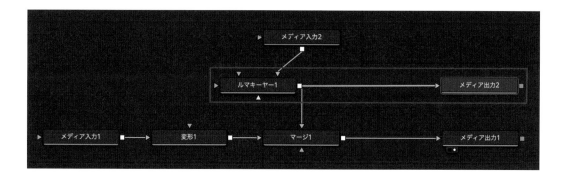

3 カラーページに移動する

そのままカラーページに移動します。合成結果のノードが1つだけある状態です。

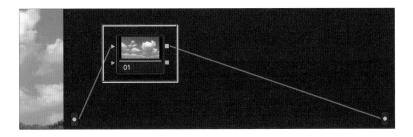

4 右クリックして「ソースを追加」を選択する

ノードが表示されている領域内で右クリックして「ソースを追加」を選択します。

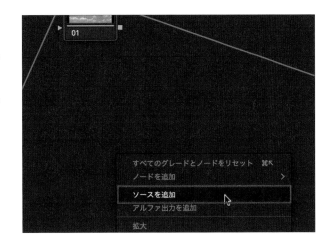

5 緑色の○が追加される

領域内の左側に緑色の○が追加されます。
この緑色の○にポインタを重ねると確認できますが、最初からある緑色の○は「メディア出力1」で、追加された緑色の○は「メディア出力2」です。

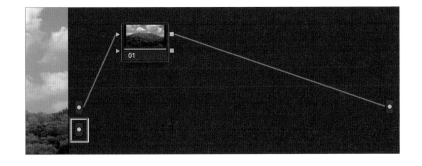

6 追加された緑色の○をノードの水色の入口に接続する

追加された緑色の○（メディア出力2）をノードの水色の入口に接続します。すると、表示上の変化はありませんが、色の調整をすると前景だけに適用されるようになります。

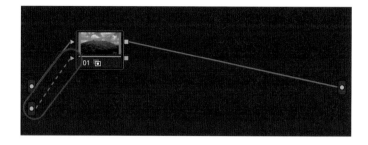

ヒント：ノード名を「前景」にする

ここで、ノードに「前景」などの名前をつけておくと作業がしやすくなります。カラーページでノードに名前をつけるには、右クリックして「ノードラベル」を選択してください。

7 ノードを追加する

ノードを右クリックして「ノードを追加」→「シリアルノードを追加」を選択してシリアルノードを追加します。

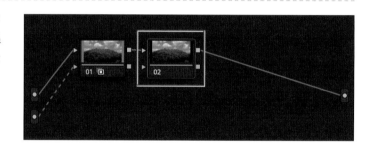

ヒント：[option（Alt）]＋[S]でも追加できる

シリアルノードは[option（Alt）]＋[S]キーでも追加できます。

8 メディア出力2の緑色の○を新しいノードの水色の入口にも接続する

2つ目の緑色の○（メディア出力2）を新しく追加したノードの水色の入口にも接続します。

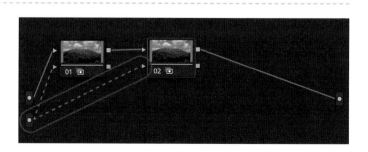

9 「キー」をクリックする

クリップの下にあるアイコンのうち「キー」をクリックして、ゲインなどの調整ができるタブを開きます。

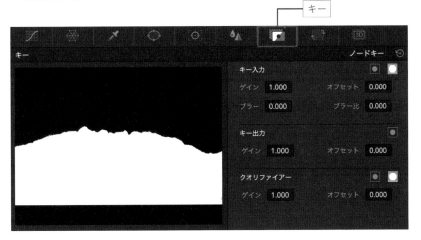

10 「マット/マスク」をクリックする

「キー」の画面の一番上の右から2番目にある「マット/マスク」のアイコンをクリックします。すると、キーヤーで透明にした部分が反転し、新しいノードでの色調整は背景だけに適用されるようになります。

> **ヒント：ノード名を「背景」にする**
>
> このノードにも「背景」などの名前をつけておくと、以降の作業がしやすくなります。

11 ノードを追加する

「背景」のノードを右クリックして「ノードを追加」→「シリアルノードを追加」を選択してシリアルノードを追加します。このノードでは、前景と背景が合成された状態で両方同時に調整できます。

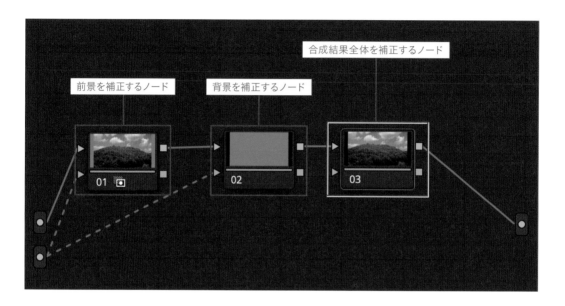

ヒント：ノード名を「全体」にする

このノードには「全体」などの名前をつけておくとよいでしょう。

背景の映像が表示されないときは？

　キーヤーを使って前景と背景を合成する際に、メディアプールでは問題なく表示できている背景用の映像が、ノードエディターに配置した途端に真っ黒になって何も表示されなくなることがあります。

　このような現象が起きる最も可能性の高い原因は、前景の映像の長さとイン点の位置にあります。そして、そうなっている理由は、（Fusionページのタイムラインでもある）キーフレームエディターですべてのノードの全体を表示させてみるとすぐに理解できます。

　実はFusionページの初期状態では、素材として使用する映像のクリップはイン点やアウト点に関係なくその全体が左揃えでタイムライン（とほぼ同様の表示をするキーフレームエディター）に配置されます。その際、メインとなる「メディア入力1」が30秒の映像で「メディア入力2」が10秒の映像だった場合でも、イン点とアウト点の位置に関係なく、両者は異なるトラックに左揃えで配置されるわけです。

もしこのとき、メインとして使われている「メディア入力1」のイン点とアウト点が0秒から10秒に設定されていれば、「メディア入力2」は何の問題もなく表示されます。両者の先頭から10秒間の映像が再生されるからです。しかし、メインの「メディア入力1」のイン点とアウト点が20秒から30秒に設定されていた場合は、10秒しかない映像である「メディア入力2」にはその範囲の映像がありませんので、何も表示されない状態となるわけです。

　これを修正するのは簡単です。キーフレームエディターで「メディア入力2」のクリップを「メディア入力1」のイン点とアウト点の範囲に移動させればよいのです。キーフレームエディターの操作方法については、「2-3-1 キーフレームエディター」の「キーフレームエディターの表示の調整（p.107）」および「ノードの開始・終了位置を変更する（p.110）」を参照してください。

2-3-4

エクスプレッション

インスペクタの各項目の値には、式を入力することもできます。式には、四則演算だけでなく、関数や他の項目の値も含めることが可能です。それによって、たとえば高さを幅と同じにしたり、幅の半分にしたり、繰り返し回転させたり、秒数でカウントダウンさせることなどが簡単にできます。ここでは、具体例を交えながら、エクスプレッションの記述方法について解説していきます。

エクスプレッションとは？

インスペクタでは、さまざまな項目の値が設定・入力できます。しかしそれとは別に、項目ごとに特別な入力欄を別途表示させ、式も入力できるようになっています。それが DaVinci Resolve のエクスプレッション機能です。

たとえば、エクスプレッションの入力欄に「0.2+0.3」と入力すると、その項目の値は「0.5」になります。「0.5*2」と入力すると、その項目の値は「1.0」になります。

エクスプレッションには、数値と四則演算の記号（+-*/）だけでなく、インスペクタの他の項目の値

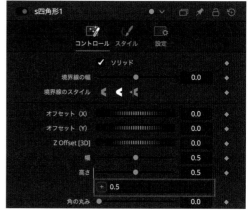

インスペクタのエクスプレッションの入力欄

を含めることもできます。エクスプレッションに他の項目の値を含めるには、内部的に決められているその項目の英語の名前を入力します。たとえば、幅であれば「Width」という名前がつけられていますので、高さのエクスプレッションに「Width」と入力しておけば、高さは常に幅と同じ値になります。エクスプレッションに「Width/2」と入力すると、高さは常に幅の半分の値になります。

項目の名前は必ずしも手入力する必要はありません。エクスプレッションの入力欄の左横にある「+」記号を別の項目の項目名にドラッグ＆ドロップすることで、入力欄にその項目の名前が自動的に入力できる仕組みになっています。

さらに、エクスプレッションには他のノードの項目の値も組み込めるようになっています。具体的な操作方法については、「他のノードの値と連動させる1〜3（p.150〜154）」を参照してください。

ヒント：エクスプレッションに入力できるのは何言語？

エクスプレッションに入力できるのはLua言語の1行スクリプトです（ただしFusion特有の略記法も使用できます）。より詳しく知りたい方は、Lua言語の仕様を調べてみてください。

エクスプレッションの入力欄を表示させる

インスペクタの特定の項目にエクスプレッションの入力欄を表示させるには、次のように操作してください。

▶ 項目名を右クリックして「エクスプレッション」を選択する

インスペクタでエクスプレッションの入力欄を表示させたい項目の名前を右クリックして「エクスプレッション」を選択すると、その項目の下にエクスプレッションの入力欄が表示されます。

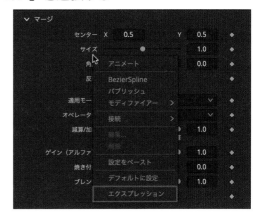

補足情報

テキスト+」のテキスト入力欄の場合は、項目名ではなくテキスト入力欄を右クリックしてください。

▶ 値に「=」を入力して［return］キーを押す

インスペクタの値を入力できる欄に「=」を入力して［return］キーまたは［enter］キーを押すと、その項目の下にエクスプレッションの入力欄が表示されます。

補足情報：テキスト+のテキスト入力欄では無効

「テキスト+」のテキスト入力欄の場合は、この方法は使えません。テキスト入力欄を右クリックして「エクスプレッション」を選択してください。

エクスプレッションを削除する

エクスプレッションおよびその入力欄を削除するには、項目名を右クリックして「エクスプレッションを削除」を選択してください。

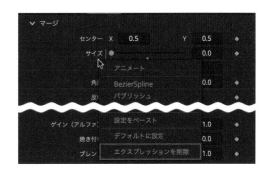

補足情報

「テキスト+」のテキスト入力欄の場合は、項目名ではなくテキスト入力欄を右クリックしてください。

インスペクタ内の他の値と連動させる

エクスプレッションの入力欄の左横にある「+」記号を他の項目の項目名にドラッグ＆ドロップすると、エクスプレッションにその項目の名前が入力されます。

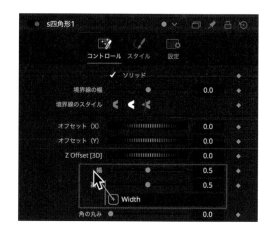

　エクスプレッションに項目名だけが入っている状態だと、値は常にその項目と同じになります（値が連動した状態になります）。たとえば、「高さ」のエクスプレッションの「+」記号を「幅」の項目名にドラッグ＆ドロップして「Width」だけが入力された状態にすると、「高さ」の値は常に「幅」の値と同じになります。

　エクスプレッションには、他の項目の名前だけでなく計算式も組み込むことができます。たとえば、エクスプレッションに「0.2+」と入力した状態で「+」記号を「幅」の項目名にドラッグ＆ドロップすると、エクスプレッションは「0.2+Width」となり、0.2に幅の値を加えた値にすることができます。
　同様に、エクスプレッションに「Width」だけが入力されている状態のときに「/2」を書き加えて「Width/2」とすることで、値を常に幅の半分にすることもできます。

ヒント：項目の名前について

エクスプレッションに入力できる項目の名前はあらかじめ内部的に決められており、必ず半角のアルファベットで先頭だけが大文字になっています。この名前は手入力しても問題なく動作しますが、先頭が大文字になっていなかったり、1文字でも違っていたりすると無効となります。

他のノードの値と連動させる1

　Fusionページのインスペクタには、通常は選択した1つのノードの情報しか表示されていません。しかし、インスペクタに複数のノードを表示させることにより、エクスプレッションの「+」記号を他のノードの項目名にもドラッグ＆ドロップできるようになります（エクスプレッションで他のノードの値と連動させることができます）。

　インスペクタに複数のノードを表示させて他のノードの値と連動させるには、次のように操作してください。

1 エクスプレッションの入力欄を表示させておく

インスペクタの項目名を右クリックして「エクスプレッション」を選択するか、値に「=」を入力して[return] キーを押すことでエクスプレッションの入力欄を表示させておきます。

2 インスペクタに表示させたいノードを [command] キーを押しながらクリックする

ノードエディター上にあるインスペクタに表示させたいノードを [command（Ctrl）] キーを押しながらクリックします。クリックしたノードの名前だけがインスペクタに追加されます。

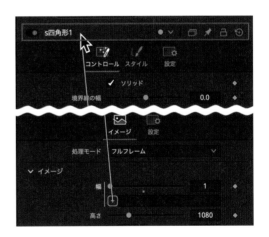

3 追加したノードの名前の上にエクスプレッションの「+」記号をドラッグする

エクスプレッションの「+」記号を追加したノードの名前（ヘッダー部分）の上にドラッグすると、自動的にそのノードの設定可能な各項目が表示されます。この段階ではまだドロップしないでドラッグ状態を維持してください。

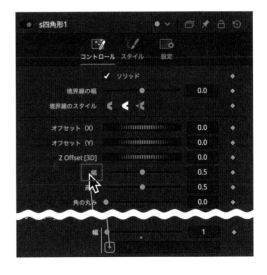

4 追加したノードの目的の項目名に「+」記号をドロップする

追加したノードの設定可能な各項目が表示されたら、目的の項目名まで「+」記号をさらにドラッグしてドロップします。これでそのノードのその項目の名前がエクスプレッションに入力されます。

他のノードの値と連動させる2（ピンを使う）

　Fusionページのインスペクタに複数のノードを表示させることは可能ですが、設定可能な各項目を表示させられるのは初期状態では一度に一つのノードだけです。ノードの名前（ヘッダー部分）をクリックして別のノードの設定項目を開くと、その前に表示されていた設定項目は閉じて消えてしまいます。

　しかし、インスペクタのノードの名前（ヘッダー部分）の右側にあるピンのアイコンをクリックして白くすることで、そのノードの設定項目を常に表示させたままの状態にすることが可能です。そして複数のノードの設定可能な各項目を同時に表示させておくことで、エクスプレッションに他のノードの項目名を簡単に入力できるようになります。

1 インスペクタに表示させたいノードを［command］キーを押しながらクリックする

ノードエディター上にあるインスペクタに表示させたいノードを［command（Ctrl）］キーを押しながらクリックします。クリックしたノードの名前だけがインスペクタに追加されます。

補足情報：インスペクタに複数のノードを表示させる別の方法

ノードエディター上でドラッグして複数のノードを選択すると、その範囲にあったすべてのノードがインスペクタに表示されます。ただし、ドラッグした範囲に元々表示されていたノードが含まれていない場合は、元々表示されていたノードは消えます。

---

2 ノード名の右側にあるピンのアイコンをクリックする

表示させたままにしておきたいノードの名前（ヘッダー部分）の右側にあるピンのアイコンをクリックして白くしてください。

このとき、2つのノードの設定項目を同時に表示させたい場合はその2つのピンをクリックするだけでOKですが、3つ以上のピンをクリックして同時に表示させることも可能です。

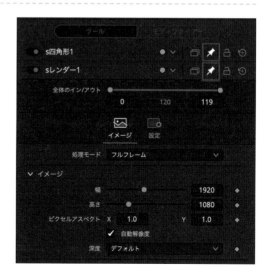

3 名前しか表示されていないノードの名前をクリックする

ピンのアイコンを白くしたノードのうち、設定項目が表示されていないノードの名前をクリックすると設定項目が表示されます。これで複数のノードの設定項目が同時に表示されている状態になりました。

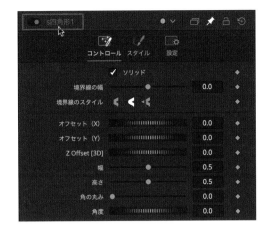

4 エクスプレッションの入力欄を表示させる

インスペクタの項目名を右クリックして「エクスプレッション」を選択するか、値に「=」を入力して[return]キーを押すことでエクスプレッションの入力欄を表示させます。

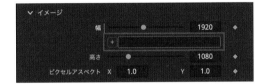

5 目的の項目名に「+」記号をドロップする

エクスプレッションの入力欄の左横にある「+」記号を他の項目の項目名にドラッグ＆ドロップすると、エクスプレッションにその項目の名前が入力されます。このとき、表示されている設定項目であれば、どのノードの項目名にでもドロップできます。

> **補足情報：設定項目の表示と非表示の切り替え**
>
> ピンのアイコンをクリックして白くしたノードの設定項目の表示と非表示を切り替えるには、ノードの名前をダブルクリックしてください。

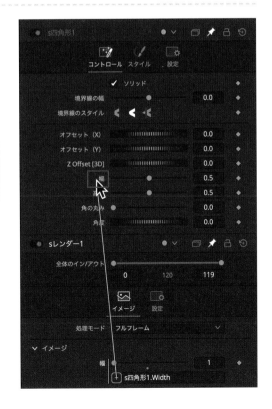

他のノードの値と連動させる3 (名前を入力する)

　エクスプレッションに「Width」のような項目名を直接入力することで、同じノード内の別の項目の値を含めることができます。これと同様に「ノード名.項目名」の書式を使うことで、他のノードの値をエクスプレッションに含めることが可能です。たとえば、エクスプレッションに「四角形1」ノードの「幅」を含めたければ、「四角形1.Width」と入力するだけでOKです。

　正確な「ノード名.項目名」を確認するには、インスペクタの項目名の上にポインタを重ねてください。ポインタが重なっている間、ノードエディターの左下隅にその項目の「ノード名.項目名」が表示されます。

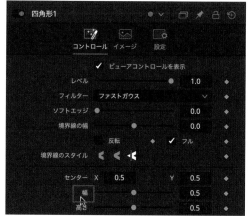

回転させるエクスプレッションの例

　エクスプレッションにはtime関数やiif( )関数のような関数も使用できます。これを使用することで、図形を回転させたり、一定の時間が経過してから処理を開始させることなどが簡単にできます。ここでは、図形を回転させる場合を例にして、time関数とiif( )関数の使い方を紹介します。

　time関数は、現在のフレーム数を返す関数です。したがって、time関数の値は1フレーム進むごとに1増えます。

　iif( )関数は、iif(式,値1,値2)の書式で使用します。はじめに式を評価し、式が成り立てば値1を、成り立たなければ値2を返します。iifという名称は、「inline if」の省略形です。

　次に示す例では、図形などのインスペクタの「角度」のエクスプレッションに入力する式と、その結果の動きを説明しています。

▶ time

エクスプレッションに「time」とだけ入力すると、再生して1フレーム進むごとに値が1ずつ増えていきます。「角度」の場合は、1フレームごとに1度ずつ増えることになるため、24fpsの場合は1秒間に24°、30fpsの場合は1秒間に30°と、比較的ゆっくりな速度で反時計回りに回転します。

▶ -time

「time」の場合とは回転する方向が逆になり、時計回りに回転します。

▶ -time*10

値に10を掛けているので、10倍速になります。

▶ -time/10

値を10で割っているので、1/10の速度になります。

▶ iif(time>24,-time*10,0)

現在のフレーム数が24よりも大きければ値を「-time*10（時計回りで10倍速）」にし、24以下であれば値を「0」とする場合の記入例です。これはつまり、再生して0～24フレーム目までは角度を「0」のまま維持し、25フレーム以降は回転させる、ということです。24fpsの場合、「再生を開始して1秒後に回転を開始する」ということになります。

テキスト+のエクスプレッションの例

多くのエクスプレッションでは数値を扱いますが、テキスト+のテキスト入力欄のエクスプレッションでは数値に加えて文字列も扱うことができます。数値と文字列を組み合わせて使用することで、「○○秒」のように経過秒数を表示させたり、「○○%」のように処理の進捗状況を表示させることができます。

ヒント：テキスト+のエクスプレッションを開くにはテキスト入力欄を右クリック

インスペクタのほとんどの項目では「項目名」を右クリックして「エクスプレッション」を開きますが、「テキスト+」の場合は、項目名ではなく「テキスト入力欄」を右クリックする必要がある点に注意してください。

次に示す例では、「テキスト+」のテキスト入力欄のエクスプレッションに入力する式と、その表示結果について説明しています。

「新規Fusionクリップ...」や「新規Fusionコンポジション」でFusionコンポジションを作成した場合は、タイムルーラーの目盛りは0から開始されています。しかし、エディットページやカットページでイン点が設定されているクリップをFusionページで開いた場合には、再生範囲の先頭のフレーム数（タイムルーラーの目盛りの数値）は0よりも大きい数値になっています。ここで紹介している式の例は、先頭が0であることを前提としたものとなっていますので、先頭が0でない場合には結果が違ってくるものも含まれています。その場合は、先頭のフレーム数に合わせて式を調整するか、またはエディットページで「新規Fusionクリップ...」に変換することで対処できます。

▶ "こんにちは"

テキスト+のエクスプレッションに「"こんにちは"」と入力すると、ビューアには「こんにちは」と表示されます。このように、エクスプレッションの文字列はダブルクォーテーションで囲って示します。

▶ 1+2

テキスト+のエクスプレッションに「1+2」のような計算式を入力すると、ビューアには計算結果の「3」が表示されます。

▶ 1+2 .. "秒"

テキスト+のエクスプレッションに「1+2 .. "秒"」と入力すると、ビューアには「3秒」と表示されます。文字列を連結させるには「 .. 」を使用します（半角スペース＋ピリオド＋ピリオド＋半角スペース）。

▶ time

timeは現在の（再生ヘッドのある）フレーム数を返す関数です。したがって、再生すると1フレームごとに現在のフレーム数が表示されます。

time関数は、タイムルーラーの現在再生ヘッドのある位置の目盛りの数値を返します。したがって、イン点が設定されているクリップをFusionページで開いている場合などには、Fusionコンポジションの先頭は0にはなりません。

▶ floor(time/24)

フレームレートが24fpsである場合、現在のフレーム数であるtimeを24で割ると、経過秒数が表示されます。ただし、それだけだと小数を含む数値が表示されます。小数点以下を切り捨てる関数 floor( )を使用することで、経過秒数が整数で表示されるようになります。

「floor(time/24)」は、フレームレートが24fpsである場合の例です。30fpsの場合なら「floor(time/30)」というように、フレームレートに合わせて数値の部分を変更してください。

⊙ floor((comp.RenderEnd-time)/24)

Fusionコンポジションの長さに応じて、秒数で0までカウントダウンさせる指定です。comp.RenderEndは、現在のFusionコンポジションの再生範囲の最後のフレーム数（タイムルーラーの目盛りの数値）を返します。最後のフレーム数から現在のフレーム数（time）を引いていますので、再生すると最後のフレーム数から0までカウントダウンされることになります。その数値をフレームレートの24で割って floor( )関数で小数点以下を切り捨てていますので、秒数でのカウントダウンになります。

補足情報：実際にはフレームレートも取得できる

ここまでの例では、式があまり複雑にならないようにフレームレートの数値を式に埋め込んでありますが、実際には次の書式でタイムラインのフレームレートを取得できます。

```
comp:GetPrefs().Comp.FrameFormat.Rate
```

したがって、floor((comp.RenderEnd-time)/24)を次のように変更することで、どのフレームレートでも同じ式でカウントダウンができるようになります。

```
floor((comp.RenderEnd-time)/comp:GetPrefs().Comp.FrameFormat.
Rate)
```

⊙ ceil((time/comp.RenderEnd)*100) .. "%"

Fusionコンポジションの長さに応じて「0%」から「100%」までを表示させる指定です。処理の進捗状況を表示させる場合などに利用できます。ceil( ) は小数点以下を切り上げる関数です。

⊙ ceil((1-time/comp.RenderEnd)*100) .. "%"

上の例とは逆に、Fusionコンポジションの長さに応じて「100%」から「0%」までカウントダウンさせる指定です。

グループとマクロ

ノードエディター内では、複数のノードをグループにして1つのノードとして表示させることができます。また、グループを含むノードエディター内の各種ノードは、それ単体でも複数でも部分的に保存でき、別のFusionコンポジションでそれを読み込んで再利用することが可能です。それらをマクロとして保存した場合は、カットページやエディットページで使用できるエフェクトやタイトル、ジェネレーター、トランジションになります。

Fusionコンポジションは一部だけを保存できる

ノードエディターに配置されているノードは、右クリックして「設定」→「別名で保存...」を選択することで、任意の場所にファイルとして保存することができます。書き出されるファイルは拡張子が「.setting」のテキストファイルで、そのファイルをノードエディターにドラッグ&ドロップすることで、他のFusionコンポジションで再利用できます。たとえば、何重にも縁取りした「テキスト+」のノードを書き出して保存しておくことで、そのノードを保存したときの状態ですぐに使えるようになります。

また、ノードエディターのノードは単体で保存できるだけでなく、複数をまとめて保存することもできます。複数のノードを一緒に保存するには、はじめに保存する複数のノードを選択した上で、そのうちのいずれかのノードを右クリックして「設定」→「すべてを別名で保存...」を選択してください。

グループとマクロについて

ノードエディター上のノードの数が多くなってくると、だんだんと作業がしにくくなってきます。そのようなときに便利なのが、選択した複数のノードをグループ化して1つのノード（グループノード）にする機能です。グループにしたノードは、必要に応じて展開したり、グループを解除することができます。また、グループ単体もしくは他のノードと組み合わせて保存することも可能です。

グループは、単純に複数のノードを1つのノードにして表示させる機能です。複数のファイルを格納できるフォルダと同様に、複数のノードを入れられる1つの入れ物のようなものです。それに対してマクロとは、ノードエディター上のすべてのノードもしくは一部のノードをなんらかの機能を持った1つのノードとして保存したものです。そのファイルをあらかじめ決められているフォルダに保存することで、背景ノードやマージノードなどと同様に［shift］+［スペース］でノードを配置したり、「エフェクト（エフェクトライブラリ）」の「Tools」から配置できるようになります。また、マクロを規定の場所に保存することで、カットページやエディットページで使用できるエフェクトやタイトル、ジェネレー

ター、トランジションにすることも可能です。それぞれ保存場所については「マクロの保存先（p.166）」を参照してください。

補足情報：拡張子は共通の「.setting」

Fusionコンポジションの一部をそのまま保存すると拡張子は「.setting」になりますが、グループやマクロを保存した場合でも拡張子は同じ「.setting」になります。

ヒント：マクロじゃなくても「Macros」フォルダに保存できる！

後述する「マクロの保存先（p.166）」で説明する「Macros」フォルダには、マクロ以外の単体のノードやグループでも保存できます。そうすることによって、保存した単体のノードやグループなどを「shift + スペース」で配置したり、「エフェクト（エフェクトライブラリ）」の「Tools」から配置できるようになります。

グループの各種操作

ここでは、グループの各種操作方法について説明します。

● グループを作成する

新しいグループを作成するには、ノードエディター上で複数のノードを選択し、そのうちの1つのノードを右クリックして「グループ」を選択（①）するか、キーボードで［command（Ctrl）］＋［G］を押してください。複数のノードがグループ化され、1つのノードになります（②）。

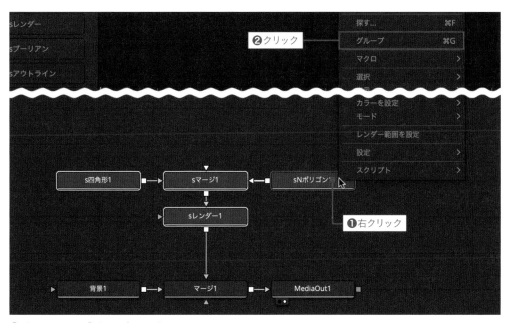

① 右クリックして「グループ」を選択

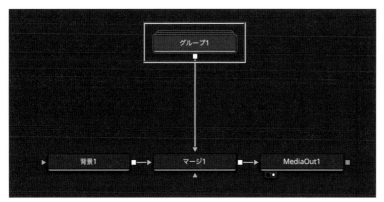

② グループ化されて1つのノードになった

▶ グループを開く・閉じる

グループにしたノードを開く（展開して中のノードが見られるようにする）には、グ
ループにしたノードをダブルクリックしてください。右クリックして「グループを展
開」を選択するか、キーボードで［command（Ctrl）］＋［E］を押しても開くこと
ができます。

開かれたグループを閉じるには、グループのフローティングウィンドウの左上にある
「×」をクリックしてください。フローティングウィンドウのヘッダー部分を右クリッ
クして「グループを折り畳む」を選択するか、キーボードで［command（Ctrl）］＋［E］
を押しても閉じることができます。

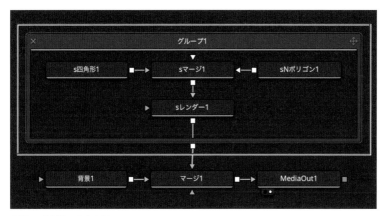

グループを開いたところ

▶ グループを保存する

グループを保存するには、グループにしたノードを右クリックして「設定」→「別名
で保存...」を選択してください。
保存先はどこでもかまいませんが、後述する「Macros」フォルダに入れておくと、
一般的なノードと同じように［shift］＋［スペース］で配置したり、「エフェクト（エ
フェクトライブラリ）」の「Tools」から配置できるようになります。詳細は「マクロ
の保存先（p.166）」を参照してください。

保存したグループを使用する

保存した拡張子が「.setting」のファイルをノードエディター上に直接ドラッグ＆ドロップすると、グループが表示され使用できるようになります。

保存したグループを［shift］+［スペース］で配置したり、「エフェクト（エフェクトライブラリ）」の「Tools」から配置できるようにする方法については「マクロの保存先（p.166）」を参照してください。

グループを解除する

グループを解除して元の個別のノードに戻すには、グループにしたノードを右クリックして「グループを解除」を選択してください。

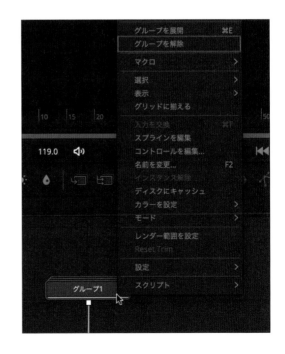

グループを削除する

グループにしたノードは、選択して「Delete」キーまたは「Backspace」キーを押すことで削除できます。

マクロの作成方法

　ここでは、マクロにするFusionコンポジションがすでに完成しているものとして、マクロを作成する手順を紹介します。

1 マクロにするノードを選択する

はじめに、マクロにするノードを選択します。選択するノードは1つでも複数でもすべてのノードでもかまいませんが、ここで選択する順序によってマクロの完成後にインスペクタで表示される項目の順序が決定される点に注意してください。また、マクロをタイトルのテンプレートにするのであれば、選択するノードに「メディア入力」と「メディア出力」は含めないでください。

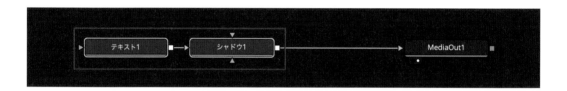

重要 ：ノードを選択する順序が重要

マクロにするノードを選択する際、すべてをドラッグしてまとめて選択したり、[command (Ctrl)] + [A] でまとめて選択した場合は、マクロ完成後にそのノードの設定項目がインスペクタに表示される順番は自動的に決められてしまいます。自分で意図的に表示順序を指定したい場合は、[command (Ctrl)] キーを押しながら表示させたい順にノードをクリックして選択してください。表示順を指定したいノードを選択し終えたあとは、[command(Ctrl)+[A]でまとめて選択してもかまいません。

補足情報：選択するノードに「メディア出力1」は含めない？

マクロにするために選択するノードに「メディア入力」や「メディア出力」を含めるかどうかは、作成するマクロの種類によって決められています。マクロをタイトルにする（カットページやエディットページで使えるタイトルにする）場合には、「メディア入力」と「メディア出力」は含めないでください。マクロをエフェクトやジェネレーター、トランジションにする場合は「メディア入力」と「メディア出力」を含めて選択してください。

---

2 右クリックして「マクロ」→ 「マクロの作成...」を選択する

選択したノードのいずれかを右クリックして「マクロ」→「マクロの作成...」を選択してください。マクロエディターのウィンドウが表示されます。

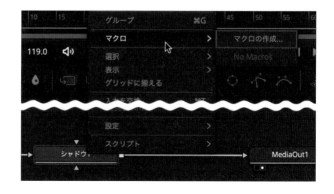

3 マクロ名を入力する

マクロエディターの最上部にある「マクロ名」の入力欄に マクロ名を入力します。日本語
でも問題ありませんし、半角スペースも入れられます。

> **ヒント：カットページやエディットページで表示される名前になる**
>
> マクロをエフェクトやタイトル、ジェネレーター、トランジションにする場合、ここで入力した名前
> がカットページやエディットページで表示される名前になります。

4 インスペクタに表示させたい項目にチェックを入れる

マクロエディターには、1 で選択したすべてのノードのインスペクタで設定可能な値が一
覧表示されています。この中から、このマクロを使用する際にインスペクタに表示させたい
項目にチェックを入れます。

ヒント：マクロエディターでの表示順がインスペクタでの表示順になる

マクロエディターには、1で選択した順番でノード（とその設定可能な各種項目）が表示されます。完成したマクロを使用する際にインスペクタに表示される項目もこの順番になります。順番を変更したい場合は作業を中断して1からやり直してください。

補足情報：デフォルト値・最小値・最大値も設定可能

項目によっては、デフォルト値・最小値・最大値の入力欄があり、必要に応じて値を変更できるようになっています。

補足情報：ノードの入力や出力の設定も可能

ノードの入力や出力のチェックに関しては、自動的に設定されていますので通常は初期状態のままにしておいて問題ありません。ただし、必要があれば変更することも可能です。

5 右下の「閉じる」ボタンを押す

必要なすべての項目にチェックを入れたら、マクロエディターの右下にある「閉じる」ボタンを押します。

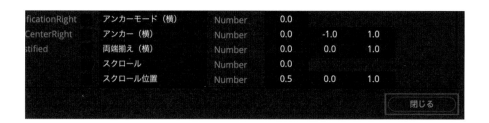

6 「変更を保存しますか?」と表示されるので「はい」を選択する

「変更を保存しますか？」というダイアログが表示されますので、「はい」を選択します。

7 保存先を指定する

保存先を指定するためのウィンドウが表示されますので、保存先を指定してください。また、ここでマクロの名前を変更することも可能です。

ヒント：とりあえずの保存先はデスクトップでOK！

マクロの保存場所は、その種類や用途によって異なります。詳しくは次の「マクロの保存先」で説明していますが、とりあえずはわかりやすいデスクトップに保存しておけば問題ありません。

ヒント：そのままだと「Macros」フォルダに保存される

ここで保存先を変更せずにそのまま保存すると、次の「マクロの保存先」で説明する「Macros」フォルダに保存されます。作成したマクロをFusionページでのみ使用するのであれば、ここに保存してください。

8 「Save」ボタンをクリックする

「Save」ボタンをクリックするとマクロが保存されます。

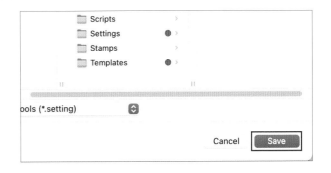

マクロの保存先

　マクロはどこに保存しても再利用は可能ですが、最初から用意されているノードのように一覧から選択できるようにしたり、カットページやエディットページから使用できるようにするには特定のフォルダに保存する必要があります。ここでは、それらの各種フォルダの場所と便利な保存方法を紹介します。

▶ マクロをFusionページでのみ使用する場合

　自分で作成したマクロは、どこに保存してあってもファイルをノードエディターにドラッグ＆ドロップすることで使用できます。しかし、マクロを次の「Macros」フォルダに保存することで、他の最初から用意されているノードと同じように[shift]+[スペース]や「エフェクト」→「Tools」→「Macros」から選んでノードとして配置できるようになります（そうするには保存した後にDaVinci Resolveを再起動する必要があります）。マクロを保存するときに、保存先を変更せずにそのまま保存すると「Macros」フォルダに保存されます。

・**macOSの場合**

　Macintosh HD/Users/username/Library/Application Support/Blackmagic Design/ DaVinci Resolve/Fusion/Macros

・**Windowsの場合**

　C:¥Users¥username¥AppData¥Roaming¥Blackmagic Design¥DaVinci Resolve¥Support¥Fusion¥Macros

・**Linuxの場合**

　home/username/.local/share/DaVinciResolve/Fusion/Macros

補足情報：マクロを再編集するには？

「Macros」フォルダに保存したマクロは再編集が可能となります。ノードエディター内で任意のノードを右クリックして「マクロ」を選択するか、ノードではない部分を右クリックして「マクロを編集」を選択すると、保存済みのマクロの名前が一覧表示され選択できるようになります。ここでいずれかのマクロを選択すると、マクロエディターが表示され再編集できます。

マクロをカットページやエディットページでも使用する場合

マクロをカットページやエディットページで表示される「エフェクト」「タイトル」「ジェネレーター」「トランジション」のいずれかとして使用する場合は、その種類に応じて次のフォルダ内にある「Effects」「Titles」「Generators」「Transitions」フォルダに保存してください（保存後にDaVinci Resolveの再起動が必要です）。

・macOSの場合

　Macintosh HD/Users/username/Library/Application Support/Blackmagic
　Design/ DaVinci Resolve/Fusion/Templates/Edit/

・Windowsの場合

　C:¥Users¥username¥AppData¥Roaming¥Blackmagic Design¥DaVinci
　Resolve¥Support¥Fusion¥Templates¥Edit¥

・Linuxの場合

　home/username/.local/share/DaVinciResolve/Fusion/Templates/Edit/

ヒント：それぞれのフォルダを簡単に開く方法

Fusionページ左上にエフェクトライブラリを表示させ、「Templates」→「Edit」を表示させる
とその中に「Effects」「Generators」「Titles」「Transitions」という項目があります。それ
らの項目を右クリックして「Show Folder」を選択することで、それぞれのマクロを保存すべき
フォルダを開くことができます。デスクトップなどに仮に配置しておいたマクロをそこに移動させ、
DaVinci Resolveを再起動させるとカットページやエディットページでそのマクロが使用可能にな
ります。

Part 3

目的別操作手順

3-1

目的別Fusionの操作手順

Part 1とPart 2ではFusionの基本操作について学習してきました。最後のPart 3では、実際の動画制作で使えるような目的別のFusionコンポジションの作り方を紹介していきます。たとえば、見出しが「映像に合わせて矢印を動かす」となっていても、実際には図形の矢印だけでなく画像やテキストなども動かせます。操作手順とともに掲載しているヒントや補足情報もぜひご活用ください。

3-1-1

テキスト

ここでは、テキスト+を使用した3種類のFusionコンポジションの作り方を紹介します。1つめはマスクとキーフレームの使い方がわかっていれば簡単にできるテキストのアニメーションです。2つめは幅広くカスタマイズ可能なカウントダウンするテキストの作り方を紹介しています。3つめはフォロワーという機能を使用して、テキストを1文字ずつ遅れて変化させる際の操作手順を解説します。

何もないところからテキストを出現させる

はじめに、ツールバーにあるノードだけを使って、何もないところからテキストを出現させる手順を紹介します。

サンプルファイルの場所

プロジェクトアーカイブ → samples/dra/3-1-1-A-Text.dra

1 タイムラインのクリップをFusionページで開く

カットページまたはエディットページのタイムラインで、Fusionページで開きたいクリップの上に再生ヘッドを置き、Fusionページに移動します。

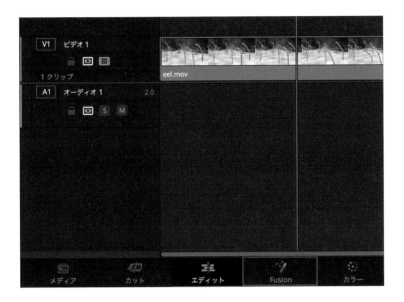

2 ツールバーの「テキスト+」をクリックする

ノードエディターで「メディア入力1」が選択されている状態で、ツールバーの「テキスト+」をクリックします。すると自動的に「マージ1」が挿入され、「メディア入力1」が背景、「テキスト1」が前景として接続されます。

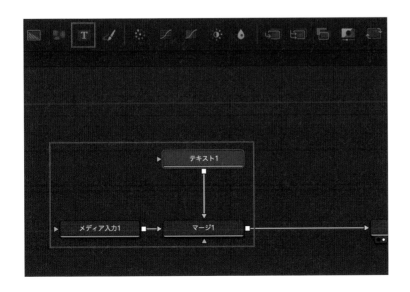

3 テキストを最終的に見せたい状態にする

ノードエディターで「テキスト1」を選択し、インスペクタのテキスト入力欄にテキストを
入力してください。フォントの種類やサイズ、配置位置なども調整しておきます。

 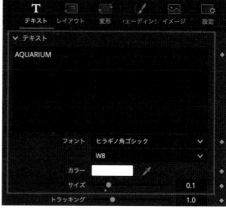

ヒント：この例では画面中央に配置

この例では、テキストを画面中央に配置しています。そして、このあとの操作でそのテキストを下
から出現するようにします。

4 ツールバーの「四角形」をクリックする

ノードエディターで「テキスト1」が選択されている状態で、ツールバーの「四角形」をク
リックします。すると自動的に「四角形」の出口が「テキスト1」の水色（マスク）の入口
に接続された状態になります。

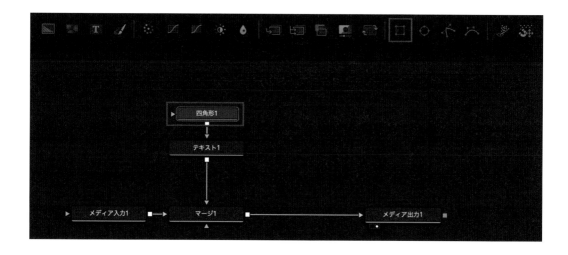

5 「四角形」の大きさと位置を調整する

ビューアに表示された四角形の線、もしくはインスペクタの「幅」「高さ」「センター　X
Y」を操作して四角形がテキスト全体をぎりぎりで囲うように調整してください。特にテキ
ストを出現させる側の辺（この例では下の辺）は、テキストにできるだけ近づけるようにし
てください。

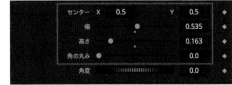

6 テキストの出現が完了する位置に再生ヘッドを移動する

このあとの操作でテキストが徐々に出現
するようにするのですが、その出現を完
了させる位置に再生ヘッドを移動させま
す（このサンプルでは20フレームに移動
させています）。

ヒント：この位置はあとで変更できる

このあとの操作でこのフレームにキーフレームを打つのですが、キーフレームの位置はキーフレーム
エディターまたはスプラインエディターであとから変更できます。この段階で厳密に位置を決定す
る必要はありません。

---

7 「テキスト1」のインスペクタの「レイアウト」タブを開く

ノードエディターで「テキスト1」が選択されてい
る状態で、インスペクタの「レイアウト」タブを
開きます。

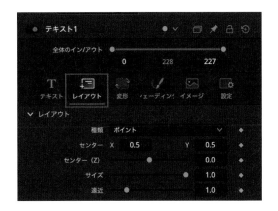

8 「センター　X　Y」の右横の◆をクリックして赤くする

インスペクタの「センター　X　Y」の右横にある◆をクリックして赤くします（再生ヘッドがあるフレームをキーフレームにします）。

9 再生ヘッドを先頭に移動する

タイムルーラーの再生ヘッドを先頭に移動させます。

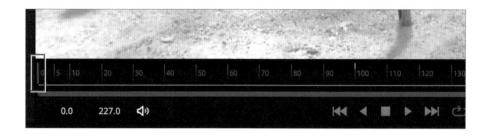

> **ヒント：先頭に移動させるショートカットキー**
>
> キーボードで［command（Ctrl）］＋［←］を押すと再生ヘッドは先頭に移動します。［command（Ctrl）］＋［→］を押すと末尾に移動します。

10 テキストを見えない位置に移動させる

インスペクタの「センター　X　Y」の値を変更してテキストを「四角形」の外部に出し、見えないようにします（このサンプルではYの値だけを小さくしてテキストを四角形の下に移動させています）。この段階で再生してみると、テキストが下から徐々に出現するようになっています。

11 スプラインエディターで動き方を調整する

スプラインエディターを使用すると、速度に緩急をつけたり、キーフレームの位置を変更するなどの微調整ができます。スプラインエディターの詳しい操作方法については、「2-3-2 スプラインエディター（p.113）」を参照してください。

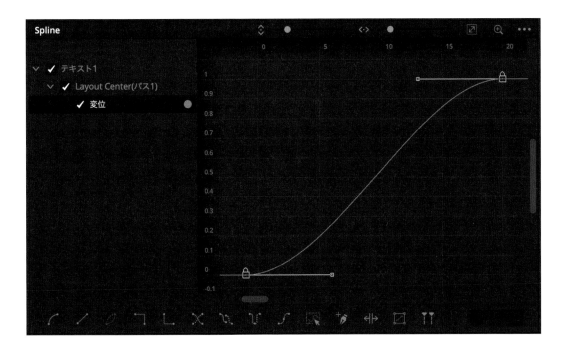

> **ヒント：テキストにはモーションブラーを簡単に適用できる**
>
> 「テキスト+」のインスペクタの「設定」タブを開くと「モーションブラー」という項目があります。そこにチェックを入れることでテキストにモーションブラーがかかる（動いているものを自然に見せるための残像が付加される）ようになり、そのすぐ下に表示される項目で微調整もできます。

カウントダウンさせる

　ここでは、クリップの長さに応じて自動的にカウントダウンをするFusionコンポジションの作り方を解説します。クリップの長さを5秒にすると5秒のカウントダウンをおこない、10秒にすると10秒のカウントダウンをするようなFusionコンポジションです。表示させる時間も「時間」「分」「秒」「フレーム」それぞれの表示・非表示を選択できます。

　また、この例では再利用しやすいようにメディアプールの「新規Fusionコンポジション」でクリップとして作成しますので、数字の大きさや配置する位置などはカットページやエディットページのインスペクタで自由に調整できます。また、「タイム速度」ノードを使用する工程を省略することで、単純に経過時間を表示させるようにも変更できます。

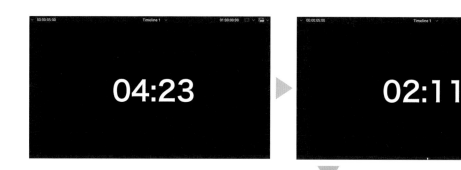

サンプルファイルの場所

プロジェクトアーカイブ
→ samples/dra/3-1-1-B-
CountDown.dra

1 メディアプールで右クリックして「新規Fusionコンポジション」を選択する

エディットページを開き、メディアプー
ルで右クリックして「新規Fusionコンポ
ジション」を選択します。

2 「クリップ名」を入力し「作成」ボタンを押す

新規Fusionコンポジションのダイアログ
が表示されますので、クリップ名（この
例では「カウントダウン」）を入力して
「作成」ボタンを押します。入力した名
前の新規Fusionコンポジションがメディ
アプールに作成されます。

3 メディアプールのFusionコンポジションをダブルクリックする

メディアプールに作成された、新規Fusionコンポジション（この例では「カウントダウン」）をダブルクリックすると、そのFusionコンポジションがFusionページで開かれます。ノードエディターには「MediaOut1」だけがある状態となっています。

4 「テキスト+」を「MediaOut1」に接続する

ツールバーにある「テキスト+」をノードエディターに配置して、その出口を「MediaOut1」に接続します。

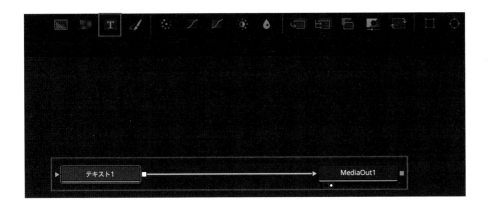

5 インスペクタのテキスト入力欄を右クリックして「TimeCode」を選択する

「テキスト1」のノードが選択されている状態で、インスペクタのテキスト入力欄を右クリックして「TimeCode」を選択します。

6 テキスト入力欄に「00:00:00:00」と表示される

テキスト入力欄に「00:00:00:00」と表示されます。

補足情報 :「00:00:00:00」は「時間:分:秒:フレーム」

テキスト入力欄に表示された「00:00:00:00」はタイムコードで、それぞれの数値は「時間:分:秒:フレーム」を2桁ずつであらわしています。

7 インスペクタ右上の「モディファイアー」をクリックする

インスペクタの一番上の右にある「モディファイアー」をクリックします。

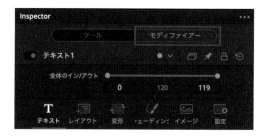

8 「時間」「分」「秒」「フレーム」のうち不要な項目のチェックを外す

初期状態では、インスペクタの「時間」「分」「秒」「フレーム」すべてがチェックされた状態となっています。この中で表示させる必要のない項目のチェックを外してください。この例では「秒」と「フレーム」だけを表示させることにして、「時間」と「分」のチェックを外します。

 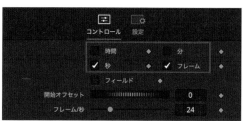

9　インスペクタ左上の「ツール」をクリックする

インスペクタの一番上の左にある「ツール」をクリックします。

10　インスペクタでテキストの表示を整える

インスペクタで、テキストのフォントの種類やサイズ、カラーなどを調整します。縁取りや影なども表示させたければ「シェーディング」タブを開いて調整してください。

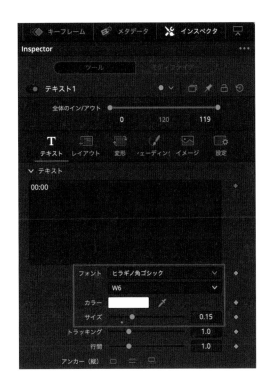

ヒント：大きさや位置はあとから変更可能

テキストのサイズと表示位置に関しては、カットページやエディットページのインスペクタであとから自由に調整できます。したがって、この段階で厳密に決定しておく必要はありません。

11 再生すると経過時間が表示される

この段階で、再生ヘッドを先頭に移動させて一度再生してみてください。「00:00」から経過した秒数とフレーム数が表示されます。

ヒント：経過時間を表示させる場合はこれで完成！

カウントダウンさせるのではなく経過時間を表示させたい場合は、これで完成です。

12 「テキスト1」の直後に「タイム速度」を挿入する

「エフェクト」→「Tools」→「その他」の中にある「タイム速度」を「テキスト1」の直後に挿入します。

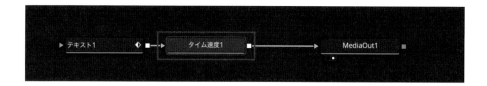

13 「タイム速度」のインスペクタで「速度」を「-1.0」にする

「タイム速度」のインスペクタにある「速度」は、初期状態では「1.0」になっています。この先頭に「-」を挿入して「-1.0」にします。

補足情報 ：「タイム速度」の「速度」を「-1.0」にすると？

簡単に言えば、これで経過時間の表示が反転します。これによって、カウントアップをカウントダウンに変更しています。

ヒント：開始や終了の時間をずらすには？

カウントダウンの開始時間や終了時間が自分の表示させたい数字になっていない場合は、相対的に表示時間をずらすことができます。「テキスト1」のインスペクタの「モディファイアー」タブを開き、「開始オフセット」の値を変更して調整してください。

これでFusionページでの作業は完了です。あとはカットページかエディットページで、このクリップをタイムラインに配置して使ってください。クリップの長さを変更すると、その長さに応じてカウントダウンされます。数字の表示サイズや位置などは、インスペクタの「変形」で自由に調整できます。

1文字ずつ遅れて変化させる（フォロワー）

「テキスト+」の「フォロワー」という機能を使うと、キーフレームでのテキストのアニメーションを1文字ずつ遅れて実行させることができます。この例では、テキストの左側の文字から順に大きくなって元に戻るアニメーションの作り方を紹介します。

サンプルファイルの場所

プロジェクトアーカイブ → samples/dra/3-1-1-C-Follower.dra

1 タイムラインのクリップをFusionページで開く

カットページまたはエディットページのタイムラインで、Fusionページで開きたいクリップの上に再生ヘッドを置き、Fusionページに移動します。

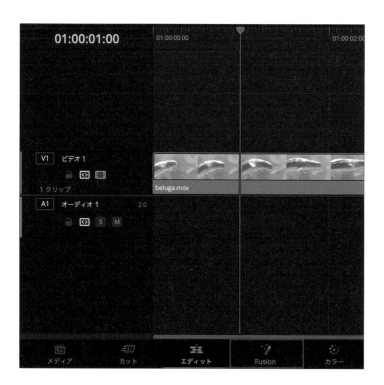

2 ツールバーの「テキスト+」をクリックする

ノードエディターで「メディア入力1」が選択されている状態で、ツールバーの「テキスト+」をクリックします。すると自動的に「マージ1」が挿入され、「メディア入力1」が背景、「テキスト1」が前景として接続されます。

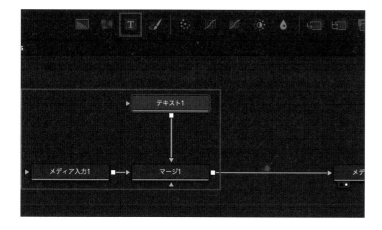

3 テキストを最終的に見せたい状態にする

ノードエディターで「テキスト1」を選択し、インスペクタのテキスト入力欄にテキストを入力してください。フォントの種類やサイズ、配置位置なども調整しておきます。

ヒント：この例では文字間隔を広めに！

この例では文字を1文字ずつ拡大しますので、文字間隔が狭いと拡大したときに文字が重なってしまいます。文字が重ならないようにするには、インスペクタの「トラッキング」で文字間隔を広めに設定しておいてください。もちろん完成後に調整することも可能です。

4 インスペクタのテキスト入力欄を右クリックして「フォロワー」を選択する

「テキスト1」が選択されている状態で、インスペクタのテキスト入力欄を右クリックして「フォロワー」を選択します。

5 インスペクタ右上の「モディファイアー」をクリックする

インスペクタの一番上の右にある「モディファイアー」をクリックします。

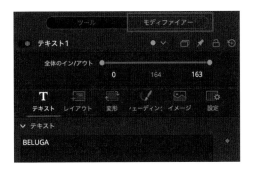

6 インスペクタの「遅延」を「3.0」にする

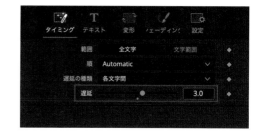

インスペクタの「遅延」を「3.0」にしてください。これでテキストに指定したキーフレームのアニメーションが、文字ごとに3フレームずつ遅れて実行されることになります。

ヒント：「遅延」に最適な値はアニメーションごとに異なる

ここではとりあえずの値として「3.0」を指定していますが、ここで指定すべき最適な値はアニメーションごとに異なります。「遅延」の値は完成後に微調整してください。

補足情報：インスペクタの「順」で変化する順番を変更可能

「遅延」の2つ上にある「順」の値を変更することで、テキストの変化する順番を変えることができます。「左から右」「右から左」「内から外」「外から内」「ランダムに1つずつ」などの中から選択できます。

ヒント：あとはキーフレームで動きを設定するだけ

テキストを1文字ずつ遅れて変化させる準備はこの段階で完了です。あとは「モディファイアー」内の項目の値をキーフレームで変化させると、テキストは1文字ずつ遅れて変化します。

重要：キーフレームを設定するまでは見た目は変化しない

「モディファイアー」内の項目の右にある◆をクリックして赤くするまでは、その項目の値を変化させてもビューア上では何も変化しません。値を変化させてどのように表示が変わるのかを見たい場合は、仮のキーフレームを打つ必要があります。

7 再生ヘッドを先頭に移動する

タイムルーラーの再生ヘッドを先頭に移動させます。
これ以降の操作手順は、テキストの左側の文字から順に大きくなって元に戻るアニメーションにする場合のものです。

ヒント：先頭に移動させるショートカットキー

キーボードで [command (Ctrl)] + [←] を押すと再生ヘッドは先頭に移動します。[command (Ctrl)] + [→] を押すと末尾に移動します。

8 インスペクタの「変形」タブを開く

インスペクタの「モディファイアー」内にある「変形」タブを開きます。

9 「サイズ」の「X」と「Y」の右横の◆をクリックして赤くする

インスペクタの「サイズ」にある「X」と「Y」それ
ぞれの右横にある◆をクリックして赤くします（先頭
のフレームをキーフレームにします）。値は両方とも初
期状態の「1.0」のままでかまいません。

重要：「テキスト」タブと「変形」タブの「サイズ」の違い

「テキスト」タブと「変形」タブには、それぞれ「サイズ」という項目があります。「テキスト」タブの
「サイズ」でテキストを1文字ずつ大きくすると、その後のテキストの位置も相対的に移動するため、
テキストの位置も変わるアニメーションとなってしまいます。それに対して「変形」タブの「サイズ」
で大きさを変えた場合は、各文字の表示位置は一切ずれずにサイズだけを変化させることができ
ます。

---

10 再生ヘッドを10フレーム後に移動させる

タイムルーラーの再生ヘッドを10フレーム後に移動さ
せます。

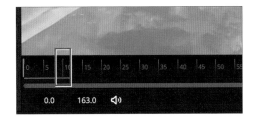

---

11 「サイズ」の「X」と「Y」の値を「1.5」にする

インスペクタの「サイズ」にある「X」と「Y」の値
をそれぞれ「1.5」にします。

---

12 再生ヘッドをさらに10フレーム後に移動させる

タイムルーラーの再生ヘッドをさらに10フレーム後に
移動させます。

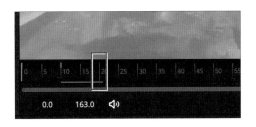

13 「サイズ」の「X」と「Y」の値を「1.0」に戻す

インスペクタの「サイズ」にある「X」と「Y」の値をそれぞれ「1.0」に戻します。
この段階で再生してみると、テキストの左側の文字から順に大きくなって元に戻るようにな
っています。

14 スプラインエディターで動き方を調整する

スプラインエディターを使用すると、速度に緩急をつけたり、キーフレームの位置を変更す
るなどの微調整ができます。スプラインエディターの詳しい操作方法については、「2-3-2
スプラインエディター (p.113)」を参照してください。

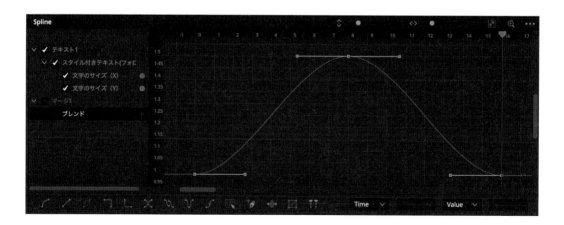

図形（シェイプ）

シェイプとは、「s○○○」のように名前の先頭に小文字のsがついている「図形を表示させるためのノード群」です。シェイプには「sマージ」という専用のマージノードがあり、表示させるには必ず「sレンダー」を使用するという決まりがあります。ここでは主に矢印の作り方を題材として、シェイプのさまざまな使い方を紹介します。

図形を表示させる1（Fusionコンポジション）

　ここではFusionコンポジションを使って四角形を表示させる手順を紹介します（四角形以外の図形でも同じ手順で表示させられます）。Fusionコンポジションで図形を作成すると、その図形は単独のクリップとして扱うことができるため、カットページまたはエディットページのインスペクタで図形の大きさや位置などを調整できます。また、エディットページでフェードイン・フェードアウトさせることもできます。

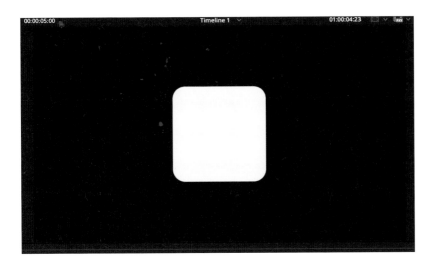

サンプルファイルの場所

プロジェクトアーカイブ → samples/dra/3-1-2-D-Shape1.dra

1 **タイムラインにFusionコンポジションを配置する**

カットページまたはエディットページでエフェクト（エフェクトライブラリ）を表示させ、その中にある「Fusionコンポジション」をタイムラインに配置します。

Fusionコンポジションは、エフェクト内の次の場所に格納されています。

- カットページ　　　：ビデオ→エフェクト→Fusionコンポジション
- エディットページ：ツールボックス→エフェクト→Fusionコンポジション

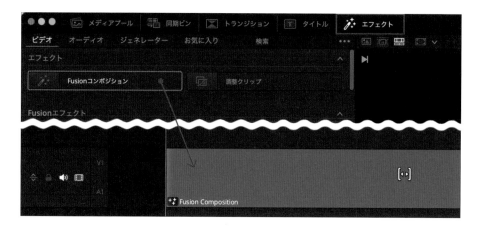

2 Fusionコンポジションを Fusionページで開く

タイムラインに配置したFusion
コンポジションをFusionページ
で開きます。

3 「sレンダー」を「MediaOut1」に接続する

Fusionページで開くと「Media
Out1」だけがある状態になって
います。「エフェクト」→「Tools」
→「シェイプ」の中にある「sレ
ンダー」をノードエディターに配
置 し て、そ の 出 口 を「Media
Out1」の入口に接続します。

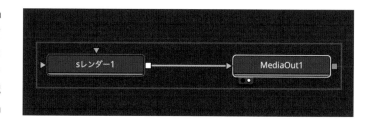

重要：シェイプの図形は「sレンダー」を 通さなければ表示されない

「シェイプ」の中にあるノードで作成した図形は、そのまま
では「メディア出力」や「マージ」などのノードに接続でき
ません。必ず一旦「sレンダー」に接続して、そこから「シ
ェイプ」以外のノードに接続するようにしてください。

ヒント：「MediaOut1」は 「メディア出力1」と同じ

エフェクトのFusionコンポジションを開くと、
「メディア出力1」の表記が「MediaOut1」に
なっていますが、機能的には何も変わりません
ので安心して作業を進めてください。

4 「s四角形」を「sレンダー」に接続する

「エフェクト」→「Tools」→「シェイプ」の中にある「s四角形」をノードエディターに配置して、その出口を「sレンダー」の入口に接続します。この段階で、大きくて白い正方形が表示されます。

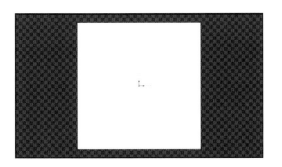

ヒント：ほかの図形を表示させるには？

四角形ではなく円を表示させたい場合は「s楕円形」を接続してください。三角形を含む多角形を表示させたい場合は「sNポリゴン」を接続してください（何角形にするかはインスペクタの「辺の数」で指定できます）。「s星」を接続すると星の形を表示できます。ギザギザの数と切り込みの深さは、インスペクタの「ポイント」と「深度」で調整できます。参考までに「ポイント」を3にすることで三角形にもなります。

5 インスペクタで色などを調整する

「s四角形」ノードが選択されている状態で、インスペクタで色や大きさなどを調整してください。四角形の表示位置や大きさ、角度などはカットページやエディットページのインスペクタでも変更可能です。色は、Fusionページのインスペクタの「スタイル」タブで指定してください。

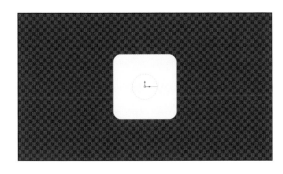

ヒント：図形を枠だけにするには？

インスペクタの「ソリッド」のチェックを外し、「境界線の幅」を「0」より大きくすると枠だけになります。

図形を表示させる2（映像クリップ内に配置）

　ここでは映像クリップをFusionページで開いて、その映像の上に星形の図形を表示させる手順を紹介します（星形以外の図形でも同じ手順で表示させられます）。この場合、Fusionコンポジションで図形を単独で作成した場合とは異なり、図形の大きさや位置、フェードイン・フェードアウトなどはすべてFusionページ内で指定する必要があります。その一方で、キーフレームを指定して図形を動かす際などには緩急をつけるなどの細かい処理が可能になり、トラッカーで図形を動かすことも簡単にできます。

サンプルファイルの場所

プロジェクトアーカイブ → samples/dra/3-1-2-E-Shape2.dra

1　映像のクリップをFusionページで開く

カットページまたはエディットページのタイムラインで、Fusionページで開きたい映像クリップの上に再生ヘッドを置き、Fusionページに移動します。

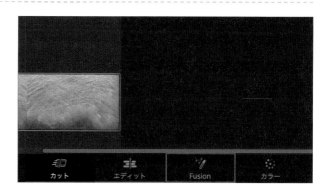

2 「sレンダー」をノードエディターに配置する

「エフェクト」→「Tools」→「シェイプ」の中にある「sレンダー」をノードエディターに
配置します（まだ接続はしません）。

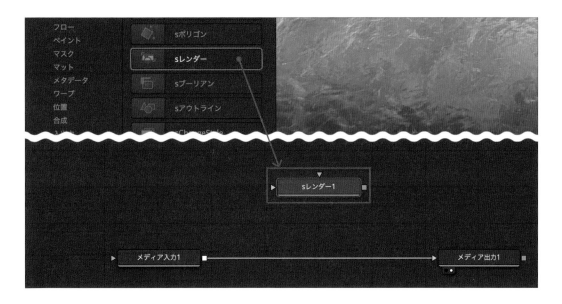

> **重要：シェイプの図形は「sレンダー」を通さないと表示されない**
>
> 「シェイプ」の中にあるノードで作成した図形は、そのままでは「メディア出力」や「マージ」など
> のノードに接続できません。必ず一旦「sレンダー」に接続して、そこから「シェイプ」以外のノード
> に接続するようにしてください。

3 「sレンダー」の出口を「メディア入力1」の出口にドラッグ＆ドロップする

「sレンダー」の出口を「メディア入力1」の出口にドラッグ＆ドロップすると、「メディア入
力1」と「メディア出力1」の間に「マージ1」が挿入され、その「マージ1」に「sレンダー」
が接続された状態になります。

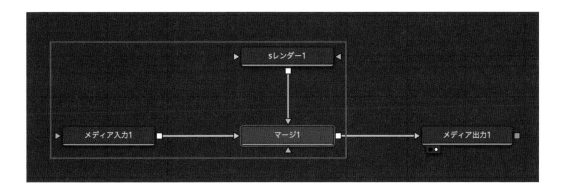

4 「s星」を「sレンダー」に接続する

「エフェクト」→「Tools」→「シェイプ」の中にある「s星」をノードエディターに配置して、
その出口を「sレンダー」の入口に接続します。この段階で、大きくて白い星形の図形が表
示されます。

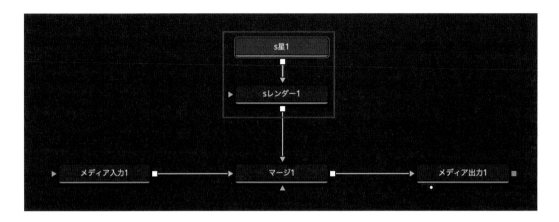

ヒント：ほかの図形を表示させるには？

四角形を表示させたい場合は「s星」ではなく「s
四角形」を、円を表示させたい場合は「s楕円形」
を接続してください。三角形を含む多角形を表
示させたい場合は「sNポリゴン」を接続してくだ
さい（何角形にするかはインスペクタの「辺の数」
で指定できます）。

5 インスペクタで図形を調整する

「s星1」が選択されている状態で、インスペクタで図
形の大きさや位置、形状、色などを調整してください。
色は「スタイル」タブを開くと設定できます。

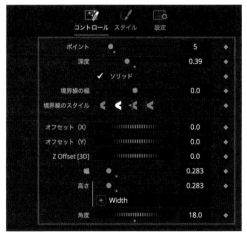

「s星1」のインスペクタで設定できる主な項目は次のとおりです。

ポイント	星のギザギザの数
深度	星の切り込みの深さ
ソリッド	図形の内部を塗りつぶす
境界線の幅	境界線の太さ
オフセット (X)	横方向の位置
オフセット (Y)	縦方向の位置
幅	図形の幅
高さ	図形の高さ
角度	図形の角度

ヒント：「高さ」を「幅」に連動させるには？

エクスプレッションを指定することで、インスペクタの「高さ」の値を常に「幅」と同じ値にすることができます。詳しくは「2-3-4 エクスプレッション（p.148）」を参照してください。

ヒント：「s星」で三角形が作れる

「s星」は、インスペクタの「ポイント」を「3」にすると三角形になります（ただし「深度」は初期値のままにしておく必要があります）。

ヒント：図形をフェードイン・フェードアウトさせるには？

図形の透明度はマージノードの「ブレンド」で調整できます。「ブレンド」にキーフレームを設定することで図形をフェードイン・フェードアウトさせることが可能です。

矢印を作る

ここでは四角形と三角形を組み合わせて矢印を作る手順を紹介します。これ以降、矢印を使用する例がいくつか出てきますが、この例ではFusionコンポジションを使用してシンプルな矢印を作成します。

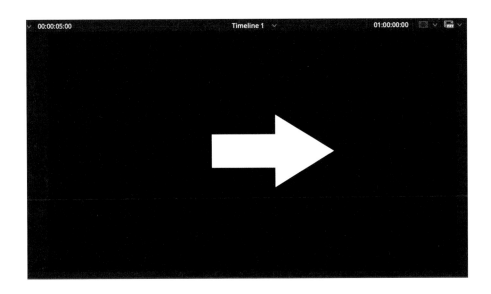

サンプルファイルの場所

プロジェクトアーカイブ → samples/dra/3-1-2-F-Arrow.dra

1 タイムラインにFusionコンポジションを配置する

カットページまたはエディットページでエフェクト（エフェクトライブラリ）を表示させ、その中にある「Fusionコンポジション」をタイムラインに配置します。

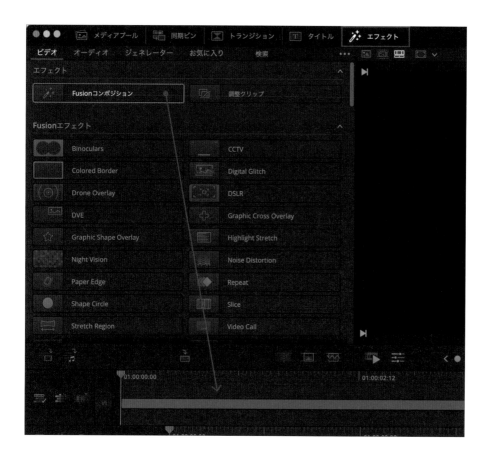

2 FusionコンポジションをFusionページで開く

タイムラインに配置したFusionコンポジションをFusionページで開きます。

3 「sレンダー」を「MediaOut1」に接続する

Fusionページで開くと「MediaOut1」だけがある状態になっています。「エフェクト」→
「Tools」→「シェイプ」の中にある「sレンダー」をノードエディターに配置して、その出
口を「MediaOut1」の入口に接続します。

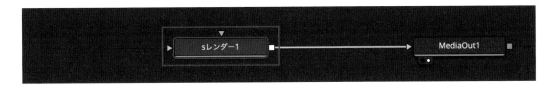

4 「s四角形」を「sレンダー」に接続する

「エフェクト」→「Tools」→「シェイプ」の中にある「s四角形」をノードエディターに配
置して、その出口を「sレンダー」の入口に接続します。

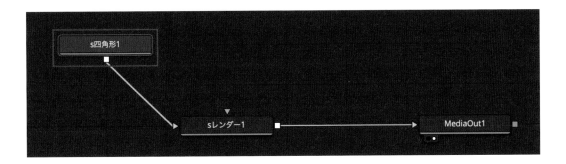

5 「s四角形」の幅と高さを調整する

この例では、横長の長方形の右
側に右向きの三角形を組み合わ
せて右向きの矢印を作成します。
この「s四角形」はその横長の長
方形にしますので、インスペクタ
で幅と高さを調整してください。

> **ヒント：正確な幅と高さの調整は三角形と組み合わせてからでOK**
>
> この段階で幅と高さを調整する第一の理由は、初期状態のサイズでは
> 図形が大きすぎて組み合わせると領域からはみ出してしまうからです。こ
> こでは、とりあえず作業しやすい適度な大きさの横長の長方形になって
> いれば問題ありません。

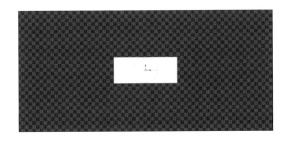

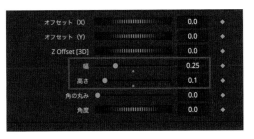

6 「sNポリゴン」をノードエディターに配置する

「エフェクト」→「Tools」→「シェイプ」の中にある「sNポリゴン」をノードエディター
に配置します（まだ接続はしません）。

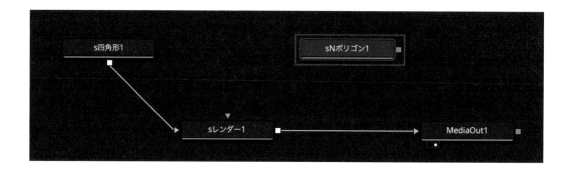

7 「sNポリゴン」の出口を「s四角形」の出口にドラッグ&ドロップする

「sNポリゴン」の出口を「s四角形」の出口にドラッグ&ドロップすると、「s四角形」と「s
レンダー1」の間に「sマージ1」が挿入され、その「sマージ1」に「sNポリゴン」が接続
された状態になります。

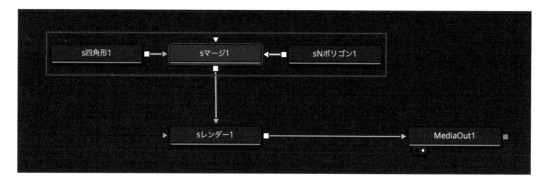

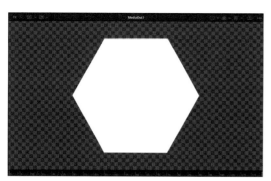

> **補足情報 :「sマージ」について**
>
> シェイプ関連の図形は、通常の「マージ」ノードに
> は接続できません。シェイプにはシェイプ専用の「s
> マージ」ノードが用意されていますので、複数の図
> 形を表示させたい場合はそれを使用してください。
> 「sマージ」には2つ以上の図形を接続することが
> できます。

8 「sNポリゴン」を三角形にして大きさと位置を調整する

「sNポリゴン」の図形は初期状態では六角形になっていますので、ノードエディター上で「sNポリゴン」を選択し、インスペクタで「辺の数」を「3」にすると右向きの三角形になります。あとは「幅」と「高さ」で大きさを調整し、「オフセット（X）」で位置を右にずらすと矢印の形状になります。

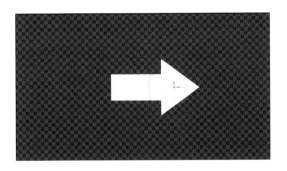
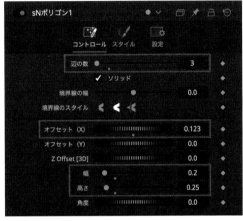

9 「s四角形」と「sNポリゴン」の大きさや位置などを微調整する

あとは「s四角形」と「sNポリゴン」が組み合わさっている状態で大きさや位置などを微調整すると矢印の完成です。色は「スタイル」タブで変更できます。

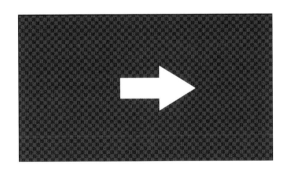
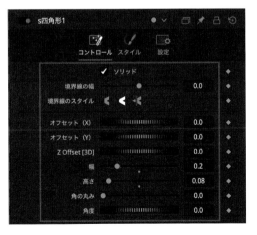

ヒント：大きさや向きなどは エディットページで調整可能

この矢印はFusionコンポジションで作成しているため、カットページまたはエディットページのインスペクタで大きさや表示位置、向き（角度）などを調整できます。また、通常のクリップと同様にエディットページでフェードイン・フェードアウトさせることもできます。

矢印に影をつける

　矢印をFusionコンポジションで作成した場合、カットページまたはエディットページの
エフェクトの「ドロップシャドウ」を適用することで矢印に影をつけることができます。
　ドロップシャドウは、エフェクト内の次の場所にあります。

- ・カットページ　　　：ビデオ→ResolveFX スタイライズ→ドロップシャドウ
- ・エディットページ：OpenFX→フィルター→Resolve FX→ResolveFX スタイライズ→ドロップシャドウ

　Fusionページにおいてノードで影をつける場合は次のように操作してください。なお、
ここではすでに矢印が完成しているものとして、影のつけ方だけを解説しています（矢印
の作り方については「矢印を作る（p.193）」を参照してください）。

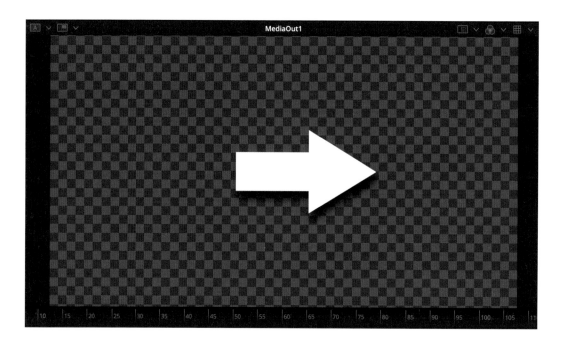

サンプルファイルの場所

プロジェクトアーカイブ → samples/dra/3-1-2-G-Shadow.dra

1 「sレンダー」の直後に「シャドウ」を挿入する

「エフェクト」→「Tools」→「エフェクト」の中にある「シャドウ」を「sレンダー」の直
後に挿入します。

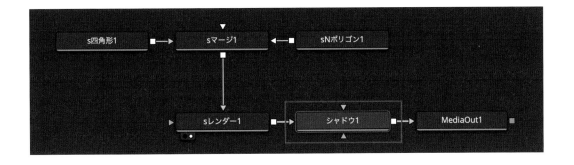

2 インスペクタで影の表示方法を調整する

「シャドウ」ノードを挿入しただけでは影は表示されません。ノードエディターで「シャド
ウ」が選択されている状態で、インスペクタで影の表示方法を調整する必要があります。
初期状態では、影は矢印の真下に重なっています。その位置を「シャドウのオフセット　X」
で横方向に、「シャドウのオフセット　Y」で縦方向にずらすことで影が見えるようになります。
影の輪郭をぼかすには「ソフトネス」の値を調整し
てください。影の透明度は「アルファ」で調整でき
ます。

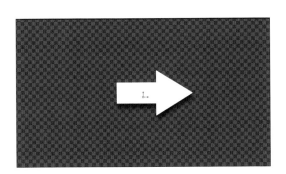

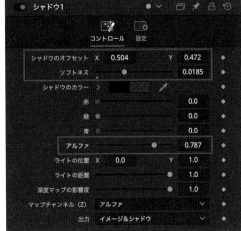

矢印をアウトラインだけにする

　「s四角形」や「s星」のような単体の図形であれば、インスペクタで「ソリッド」のチェッ
クを外し、「境界線の幅」を「0」より大きくすることで「塗りつぶしなしのアウトライン
のみの図形」にすることができます。しかし、アウトライン化した長方形と三角形を単純
に組み合わせても、矢印型のアウトラインにはなりません（一部の余計なアウトラインを
消す必要があります）。

　2つの図形を組み合わせて作った矢印のような図形をアウトライン化するには、次のよ
うに操作してください。なお、ここではすでに矢印が完成しているものとして、アウトラ
イン化する方法だけを解説しています（矢印の作り方については「矢印を作る（p.193）」
を参照してください）。

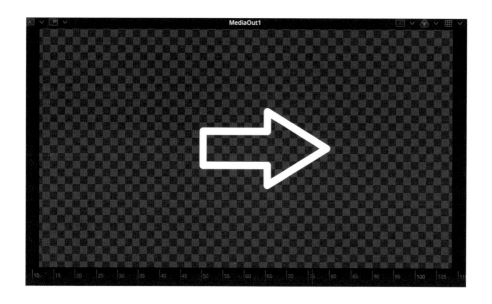

サンプルファイルの場所

プロジェクトアーカイブ → samples/dra/3-1-2-H-Outline1.dra

1 「sマージ」を「sブーリアン」で置き換える

「エフェクト」→「Tools」→「シェイプ」の中にある「sブーリアン」を、矢印の「sマージ」
にドラッグ＆ドロップして置き換えます。

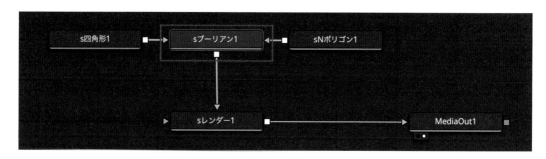

補足情報：置き換え確認のダイアログ

置き換えの際には「sマージ1を置き換えますか？」
というダイアログが表示されますので「OK」ボタン
を押してください。

2 インスペクタの「エフェクト」を「和集合」にする

ノードエディターで「sブーリアン」が選択されている状態で、インスペクタの「エフェクト」を「和集合」に変更してください。これで矢印が1つの図形になりました。

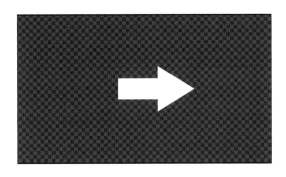

ヒント：「sブーリアン」は2つの図形を扱うノード

「sブーリアン」は2つの図形を1つにしたり、重なっている部分だけにしたり、重なっている部分を除外したりできるノードです。図形が1つしか接続されていない場合は何も表示されなくなります。また、3つ以上の図形を組み合わせている場合には、「sブーリアン」を複数使用する必要があります。

---

3 「sブーリアン」の直後に「sアウトライン」を挿入する

「エフェクト」→「Tools」→「シェイプ」の中にある「sアウトライン」を「sブーリアン」の直後に挿入します。これで矢印がアウトライン化されました。

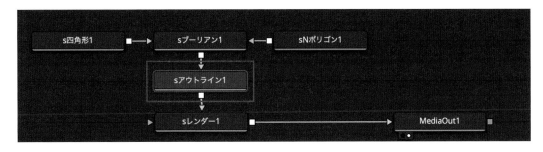

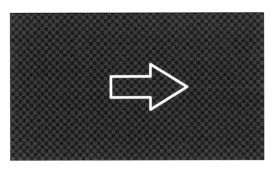

4 　インスペクタでアウトラインの表示方法を調整する

ノードエディターで「sアウトライン」が選択されている状態で、インスペクタでアウトラインの表示方法を調整してください。「太さ」でアウトラインの太さを、「境界線のスタイル」ではアウトラインの線の角の状態を調整できます。

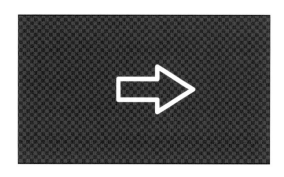

> **ヒント：アウトラインの色は「sブーリアン」で指定**
>
> アウトラインの色は「sブーリアン」のインスペクタの「スタイル」タブで指定できます。

矢印にアウトラインを追加する

　矢印にアウトラインを表示させる方法はいろいろありますが、ここではわかりやすさを優先して、少し大きくした色違いの矢印を背景として表示させる方法を紹介します。

　なお、ここではすでに矢印が完成しているものとして、アウトラインを追加する方法だけを解説しています（矢印の作り方については「矢印を作る（p.193）」を参照してください）。

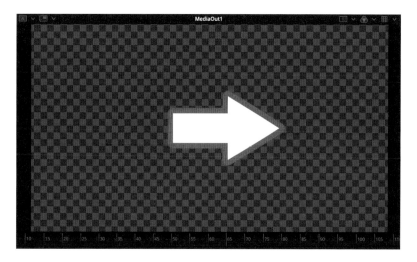

> **サンプルファイルの場所**
>
> プロジェクトアーカイブ → samples/dra/3-1-2-I-Outline2.dra

1　矢印を構成する4つのノードをコピー＆ペーストする

ノードエディター上で「s四角形」「sNポリゴン」「sマージ」「sレンダー」をドラッグして
選択し、コピーしてからペーストします。

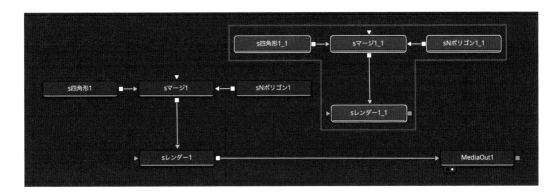

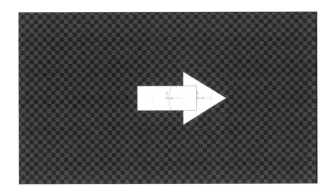

> **ヒント：ペーストした
> 4つのノードは上に配置**
>
> コピー＆ペーストした4つの新しいノード
> は矢印の前景にしますので、元からある
> 4つのノードの上の方に配置しておくとわ
> かりやすくなります。

2　新しい「sレンダー」の出口を古い「sレンダー」の出口にドラッグ＆ドロップする

コピー＆ペーストした新しい「sレンダー」の出口を、もう一方の「sレンダー」の出口にド
ラッグ＆ドロップします。
自動的に「マージ1」が挿入され、新しい「sレンダー」が前景、古い「sレンダー」が背景
として接続された状態になります。

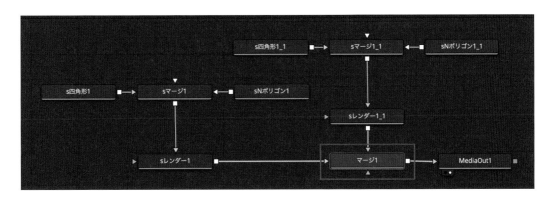

3 背景側の「sマージ」の直後に「s拡張」を挿入する

「エフェクト」→「Tools」→「シェイプ」の中にある「s拡張」を背景側の「sマージ」の
直後に挿入します。

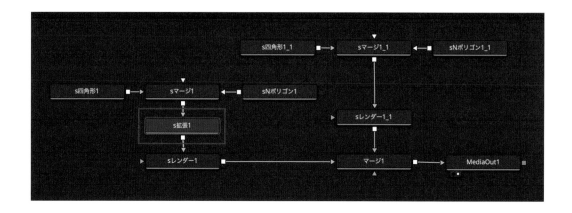

4 背景側の「s四角形」と「sNポリゴン」の色を変更する

背景側の「s四角形」と「sNポリゴン」の色を変更
しておきます。この時点では前景があるため見えま
せんが、ここで指定した色がアウトラインの色にな
ります。

5 インスペクタでアウトラインの太さを調整する

ノードエディターで「s拡張」が選択されている状態
でインスペクタで「Amount」の値を大きくすると、
背景の矢印が大きくなりアウトラインのように表示
されます。

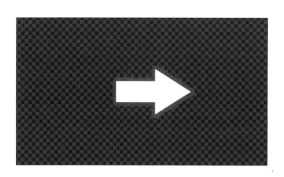

ヒント：アウトラインをぼかすには？

ツールバーにある「ブラー」を背景側の「sレンダー」
と「マージ」の間に挿入してください。インスペク
タで「Blur Size」の値を大きくするとアウトライ
ンをぼかすことができます。

トラッキング

ここでは、トラッカーと平面トラッカーを使用したトラッキングの実践的な操作手順を紹介しています。トラッキングする領域（パターン）の選び方のコツやインスペクタの各種項目などについての詳細は「2-2-3 トラッカー（p.085）」を参照してください。見出しは「映像に合わせて矢印を動かす」のようになっていますが、矢印以外も動かせるような応用可能な内容となっています。

映像に合わせて矢印を動かす1（トラッカー）

トラッカーを使って映像内の特定部分の動く位置を記録することで、その動きと一致させて別のもの（図形や画像、テキストなど）を動かすことができます。ここでは、映像に合わせて矢印を動かす際の操作手順を紹介します。

サンプルファイルの場所

プロジェクトアーカイブ → samples/dra/3-1-3-J-Tracker.dra

1 映像のクリップをFusionページで開く

カットページまたはエディットページの
タイムラインで、矢印を表示させたい映
像クリップの上に再生ヘッドを置き、
Fusionページに移動します。

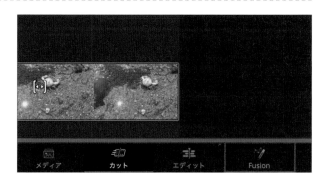

2 「メディア入力1」の直後に「トラッカー」を挿入する

「エフェクト」 → 「Tools」 → 「トラッキング」の中にある「トラッカー」を「メディア入力
1」の直後に挿入します。

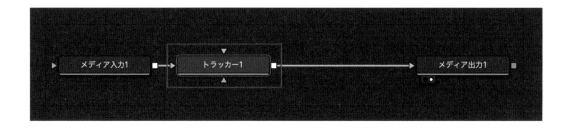

3 トラッキングを開始する位置に再生ヘッドを移動させる

タイムルーラーの再生ヘッドをトラッキングを開始する位置に移動させます。

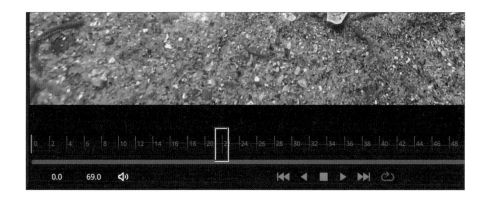

4 トラッキングする領域を指定する

ノードエディター上で「トラッカー」が選択されていると、ビューア上にはトラッキングする領域を指定するためのオンスクリーンコントロール（実線と点線の四角形）が表示されています。内側の実線の四角形はトラッキングする領域を指定するためのもので、外側の点線の四角形は次のフレームでトラッキング対象を探す範囲をあらわしています。

実線の四角形の左上にある小さな四角形をドラッグして移動させ、それぞれの四角形が適切な範囲を囲うように調整してください。四角形の大きさは上下左右の各辺をドラッグすることで調整できます。

補足情報　：有料版では使用されるトラッカーが違っている点に注意！

有料版の DaVinci Resolve Studio 19 にはAIを使った「Intellitrack」が搭載され、同じ「トラッカー」ノードであっても初期状態で「Intellitrack」が使用されるようになっています。そのため、有料版ではオンスクリーンコントロールの形状などが本書に掲載しているものとは異なっている点に注意してください。有料版であっても、トラッカーのインスペクタで「Point」を選択することで、本書の解説通りに操作することは可能です。

ヒント：詳しくは『「トラッカー」によるトラッキング』を参照

「トラッカー」ノードを使ったトラッキングの方法についての詳細は『「トラッカー」によるトラッキング（p.086）』を参照してください。

ヒント：外側の点線の四角形が　　　表示されないときは？

ポインタをビューア上の実線の四角形に近づけると点線の四角形が表示されます。

5 トラッキングする

インスペクタのトラッキングボタンを使ってトラッキングします。

先頭からトラッキングする場合は「順方向にトラッキング」ボタンを押してください。再生ヘッドが途中のフレームにある場合は、上段の中央にある「順方向と逆方向の両方をトラッキング」ボタンを押すことで、その位置から順方向にトラッキングしたあとに自動的に逆方向にもトラッキングされます。なお、タイムルーラーのトラッキングが完了したフレームには、キーフレームが表示されます。

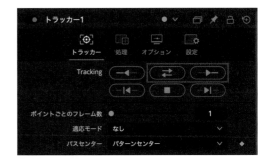

6 「処理」タブを開き、「処理」を「マッチムーブ」にする

「トラッカー」のインスペクタの「処理」タブを開いて、「処理」を「マッチムーブ」に変更します。

> **用語解説:マッチムーブ**
>
> 映像内の特定の部分の動きと一致させて別の何かを動かすこと。

7 矢印を「トラッカー」ノードの前景に接続する

シェイプの図形で矢印を作成し、「トラッカー」ノードの前景（緑の入口）に接続します。

具体的には、「s四角形」「sNポリゴン」「sマージ」「sレンダー」で矢印を作成し、「sレンダー」の出口を「トラッカー」ノードの前景に接続してください。矢印の大きさや向きなどは次の工程で調整できますので、大きめに作成してかまいません。

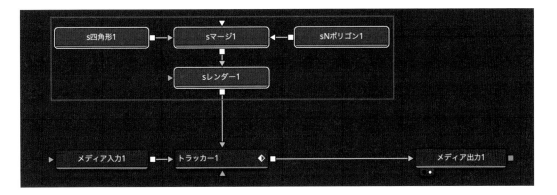

ヒント：図形の矢印以外のもの でも接続できる

ここで接続する矢印は、シェイ プの図形で作成したものでなく てもかまいません。背景を透明 にしたPNG画像でも接続でき ますし、「テキスト+」でも同じ ように接続できます。また、「エ フェクト」→「Templates」→ 「Edit」の中にある「Titles」 のタイトル（Call Outなど）も 同様に接続可能です。

8 「sレンダー」と「トラッカー」の間に「変形」を挿入する

ツールバーにある「変形」ノードを「sレンダー」と「トラッカー」の間に挿入してください。

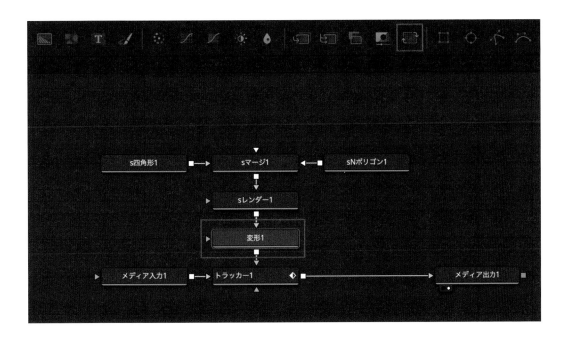

9 「変形」のインスペクタで矢印の位置・サイズ・角度を調整する

「変形」のインスペクタで矢印の位置やサイズ、角度などを調整すると完成です。

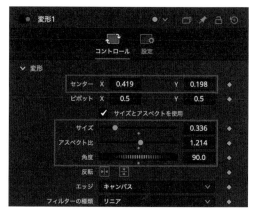

映像に合わせて矢印を動かす2（平面トラッカー）

「平面トラッカー」の使用方法は、「トラッカー」とは異なります。ここでは、「平面トラッカー」を使って映像に合わせて矢印を動かす際の操作手順を紹介します。

1 映像のクリップをFusionページで開く

カットページまたはエディットページの
タイムラインで、矢印を表示させたい映
像クリップの上に再生ヘッドを置き、
Fusionページに移動します。

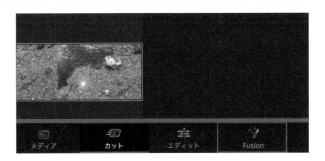

2 「メディア入力1」の直後に「平面トラッカー」を挿入する

「エフェクト」→「Tools」→「トラッキング」の中にある「平面トラッカー」を「メディア
入力1」の直後に挿入します。

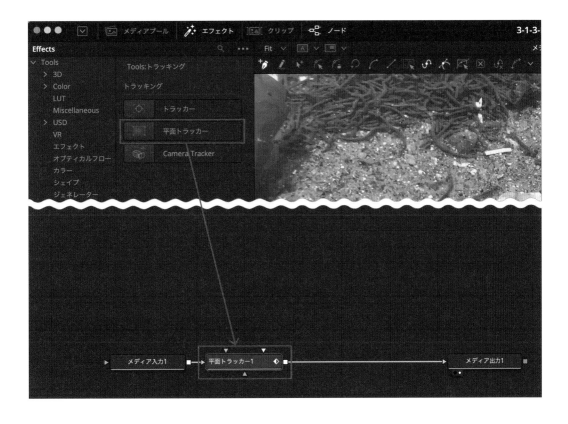

3 インスペクタの「Motion Type」を「Translation」にする

ノードエディターで「平面トラッカー」が選択され
ている状態で、インスペクタの「Motion Type」を
「Translation」に変更します。

ヒント：「Translation」以外でも問題なし

この例では矢印を動かすので「Motion Type」を
「Translation」にしていますが、この設定は連動
させて動かすものに合わせて変更してかまいません。
「Motion Type」についての詳細は『「平面トラッカー」
によるトラッキング（p.089）』を参照してください。

4 再生ヘッドを参照フレームに移動させる

タイムルーラーの再生ヘッドを参照フレームにする位置に移動させます。

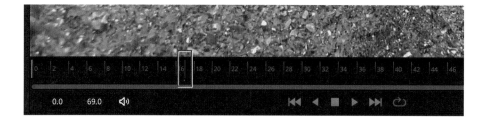

ヒント：参照フレームの選び方

参照フレームには、トラッキングしたい部分ができるだけ大きく映っていて、正面を向いており、全
体がフレーム内に収まっていて、そこに余計なものが重なっていないフレームを選んでください。

5 インスペクタの「Reference Time」の「Set」ボタンを押す

ノードエディターで「平面トラッカー」が選択され
ている状態で、「Reference Time」の「Set」ボタ
ンを押します。これで現在のフレームがトラッキン
グの「参照フレーム」になります。

6 トラッキングする領域を クリックして囲う

トラッキングする領域を指定します。ポインタでビューア上のトラッキングする領域を囲うようにクリックしてください。領域を閉じるには、最初にクリックしたポイント付近にポインタを置き、ポインタの右下に◯印があらわれている状態でクリックします。

7 トラッキングする

「逆方向にトラッキング」ボタンと「順方向にトラッキング」ボタンで参照フレームから前後にトラッキングしてください。タイムルーラーのトラッキングが完了したフレームにはキーフレームが表示されます。

> **ヒント：参照フレームに簡単に移動するには？**
>
> インスペクタの「Set」ボタンの右にある「Go」ボタンを押すと参照フレームに移動します。

8 インスペクタの「Create Planar Transform」ボタンを押す

ノードエディターで「平面トラッカー」が選択されている状態で、インスペクタの一番下にある「Create Planar Transform」ボタンを押します。

9 「平面変形1」ノードが生成される

ノードエディターに「平面変形1」ノードが生成されます。この段階ではまだ接続はしません。

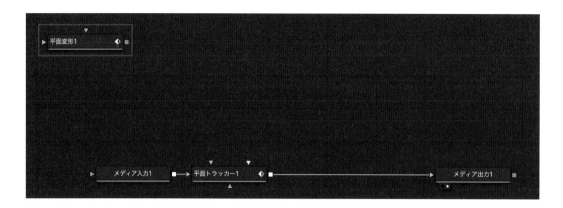

10 「平面トラッカー」を削除する

「平面トラッカー」ノードは、これ以降は不要となりますので削除します（残しておいても問題ありません）。

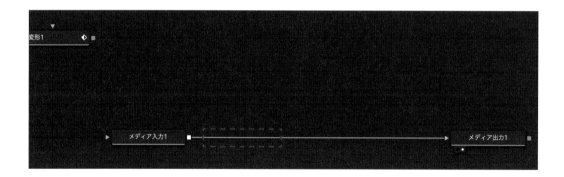

11 シェイプの図形で矢印を作成する

「s四角形」「sNポリゴン」「sマージ」「sレンダー」で矢印を作成します。矢印の大きさや向きなどは後の工程で調整できますので、大きめに作成してかまいません。

> **ヒント：図形の矢印以外のものでも接続できる**
>
> 次の工程で接続する矢印は、シェイプの図形で作成したものでなくてもかまいません。背景を透明にしたPNG画像でも接続できますし、「テキスト＋」でも同じように接続できます。また、「エフェクト」→「Templates」→「Edit」の中にある「Titles」のタイトル（Call Outなど）も同様に接続可能です。

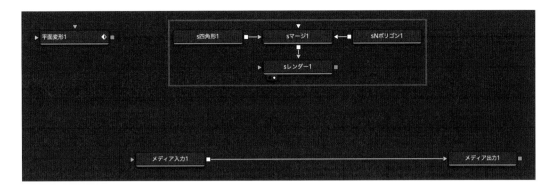

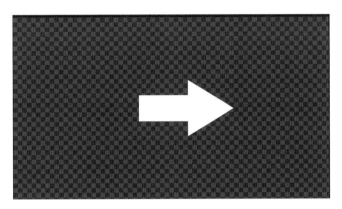

12 「sレンダー1」の出口を「メディア入力1」の出口にドラッグ&ドロップする

「sレンダー1」の出口を「メディア入力1」の出口にドラッグ&ドロップします。すると自動的に「マージ」が挿入され、「sレンダー1」が前景、「メディア入力1」が背景として接続された状態になります。

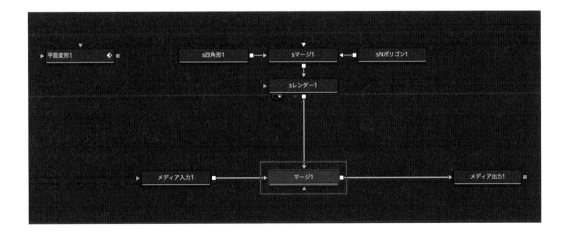

13 「sレンダー1」の直後に「平面変形1」を挿入する

「sレンダー1」と「マージ1」の間に「平面変形1」を挿入します。

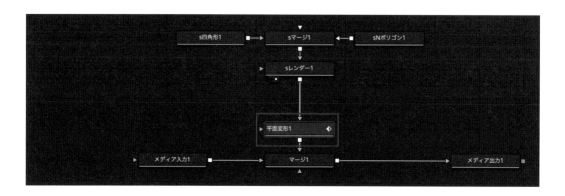

14 「sレンダー1」と「平面変形1」の間に「変形」を挿入する

ツールバーにある「変形」ノードを「sレンダー1」と「平面変形1」の間に挿入してください。

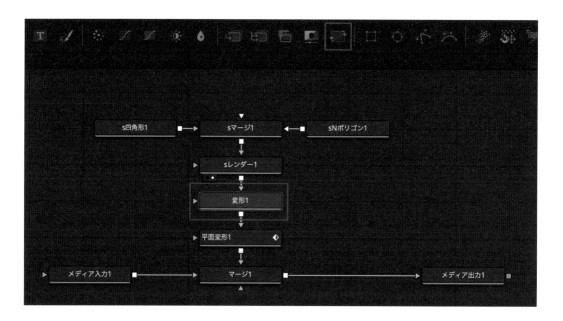

15 「変形」のインスペクタで矢印の位置・サイズ・角度を調整する

「変形」のインスペクタで矢印の位置やサイズ、角度などを調整すると完成です。

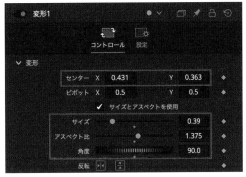

はめ込み合成をする（平面トラッカー）

　「平面トラッカー」を使うと、映像内で動いている平面の四角い領域に別の画像や映像などを自然な形で貼りつけることができます。これによって、たとえば映像内のテレビやパソコンの画面だけを別のものに置き換えることなどが簡単にできます。ここでは、映像内のノートパソコンの画面だけを別のものに置き換える際の操作手順を紹介します。

サンプルファイルの場所

プロジェクトアーカイブ → samples/dra/3-1-3-L-CornerPin.dra

1 映像のクリップをFusionページで開く

カットページまたはエディットページのタイムラインで、はめ込み合成をする（ノートパソコンが映っている）映像クリップの上に再生ヘッドを置き、Fusionページに移動します。

2 「メディア入力1」の直後に「平面トラッカー」を挿入する

「エフェクト」→「Tools」→「トラッキング」の中にある「平面トラッカー」を「メディア入力1」の直後に挿入します。

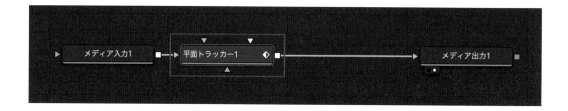

3 インスペクタの「Tracker」を「Hybrid Point/Area」に変更する

ノードエディターで「平面トラッカー」が選択されている状態で、インスペクタの「Tracker」を「Hybrid Point/Area」に変更します。

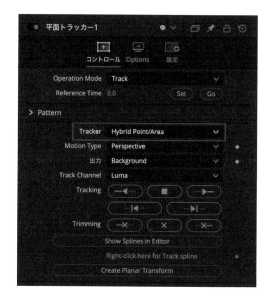

4 再生ヘッドを参照フレームに移動させる

タイムルーラーの再生ヘッドを参照フレームにする位置に移動させます。

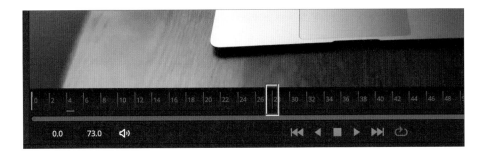

ヒント：参照フレームの選び方

参照フレームには、トラッキングしたい部分ができるだけ大きく映っていて、正面を向いており、全体がフレーム内に収まっていて、そこに余計なものが重なっていないフレームを選んでください。

5 インスペクタの「Reference Time」の「Set」ボタンを押す

ノードエディターで「平面トラッカー」が選択されている状態で、「Reference Time」の「Set」ボタンを押します。これで現在のフレームがトラッキングの「参照フレーム」になります。

6 トラッキングする領域を クリックして囲う

トラッキングする領域（このサンプルではノートパソコンの画面を含む領域）を指定します。ポインタでビューア上のトラッキングする領域を囲うようにクリックしてください。領域を閉じるには、最初にクリックしたポイント付近にポインタを置き、ポインタの右下に○印があらわれている状態でクリックします。

ヒント：はめ込む場所と一致させる必要はない

トラッキングする領域は、最終的に画像や映像をはめ込む領域と一致させる必要はありません。はめ込む領域の外側にトラッキングに適した部分があれば、その部分も含めてトラッキングすると良い結果が得られます。

---

7 トラッキングする

「逆方向にトラッキング」ボタンと「順方向にトラッキング」ボタンで参照フレームから前後にトラッキングしてください。タイムルーラーのトラッキングが完了したフレームにはキーフレームが表示されます。

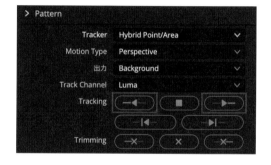

8 インスペクタの「Go」ボタンを押す

インスペクタの「Set」ボタンの右にある「Go」ボタンを押して参照フレームに移動します。

9 インスペクタの「Operation Mode」を「Corner Pin」に変更する

インスペクタの「Operation Mode」を「Corner Pin」に変更すると、ビューア上に四角
形の線が表示されます。

10 線をはめ込む位置に合わせる

ビューア上の四角形の4つの角をドラッグして、画像や映像をはめ込む位置に合わせます。

ヒント：ビューアを拡大して位置を調整する

一旦おおまかな位置を決めたら、ビューアを拡大して位置を微調整することをお勧めします。

11 はめ込む素材をノードエディターに配置する

メディアプールを開き、映像内にはめ込む画像や映像の素材をノードエディターに配置します。

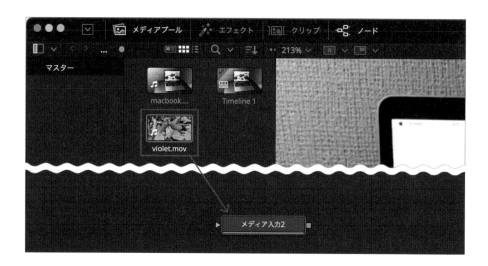

12 素材を「平面トラッカー」の緑の入口に接続する

素材の出口を「平面トラッカー」の緑の入口に接続するとはめ込み合成の完成です。

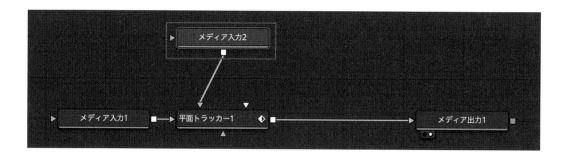

ヒント：はめ込む素材の縦横比が異なる場合

はめ込む領域とはめ込む素材の縦横比が異なっていると、素材が引き伸ばされた状態になります。
そのような場合は、素材の「メディア入力」と「平面トラッカー」の間に「エフェクト」→「Tools」
→「変形」内にある「クロップ」ノードを挿入して調整してください。

その他

本書の最後に、やり方がわかっていると便利な4種類のFusionコンポジションの作り方を紹介します。最初の2つは、旅番組の地図で使われるようなタイプのアニメーションの作り方です。残りの2つは、リアルな湯気の作り方とテキストやロゴなどを粒子状にして消す際の操作手順です。中には手順も多く、処理の重いものも含まれていますが、そのような場合の対処法も掲載していますので参考にしてください。

画像を自由自在に移動させる

　ここでは、自分で指定した線（パス）に沿って画像を移動させる方法を解説します。このサンプルでは、わかりやすいように背景を透明にした右向きの矢印の画像を使用し、その矢印が常に進行方向を向くように移動させます。もちろん右向きでない画像でも問題なく使えますし、画像ではなくシェイプで作成した図形でも同じように移動させられます。

サンプルファイルの場所

プロジェクトアーカイブ → samples/dra/3-1-4-M-Motion.dra

1 背景にするクリップをFusionページで開く

カットページまたはエディットページの
タイムラインで、背景として使用するク
リップの上に再生ヘッドを置き、Fusion
ページに移動します。

2 移動させる画像をノードエディターに配置する

メディアプールを開き、曲線に沿って移
動させる画像をノードエディターに配置
します。

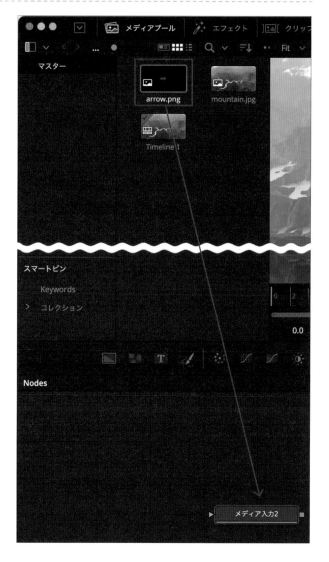

3 画像の出口を背景の出口にドラッグ＆ドロップする

「メディア入力2（画像）」の出口を「メディア入力1（背景）」の出口にドラッグ＆ドロップ
すると、「メディア入力1」と「メディア出力1」の間に「マージ1」が挿入され、その「マ
ージ1」の前景に「メディア入力2」が接続された状態になります。

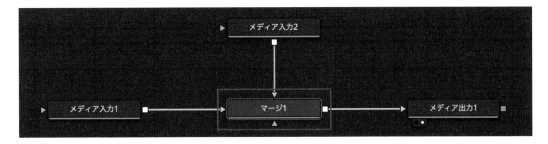

4 画像と「マージ1」の間に「変形」を挿入する

「メディア入力2（画像）」と「マージ1」の間に、ツールバーにある「変形」ノードを挿入
してください。

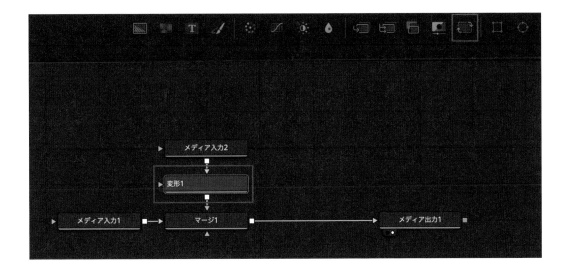

5 「変形」のインスペクタで画像のサイズを調整する

「変形」のインスペクタの「サイズ」で画像の大きさを調整します。

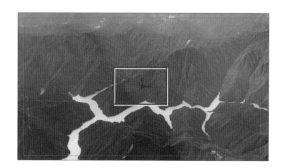 

6 再生ヘッドを先頭に移動する

タイムルーラーの再生ヘッドを先頭に移動させます。

ヒント：先頭に移動させるショートカットキー

キーボードで [command (Ctrl)] + [←] を押すと再生ヘッドは先頭に移動します。[command (Ctrl)] + [→] を押すと末尾に移動します。

---

7 最初のフレームで表示させたい位置に画像を移動させる

ノードエディターで「変形1」を選択した状態で、ビューアのコントロールもしくはインスペクタの「センター　X　Y」の値を変更して、最初のフレームで表示させたい位置に画像を移動させます。

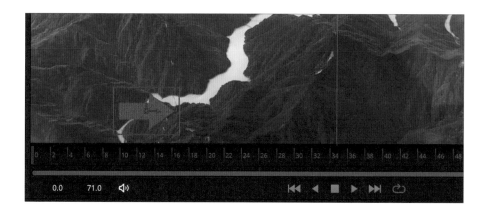

8 「センター　X　Y」の右横の ◆をクリックして赤くする

インスペクタの「センター　X　Y」の右横にある
◆をクリックして赤くします。

9 再生ヘッドを移動し、画像の位置を変える

タイムラインの再生ヘッドを次にキーフレームを打ちたい位置に移動させ、ビューア上の画
像をその時点で表示させたい位置に移動させます。この操作を必要なだけ繰り返して、画
像を最終的な位置まで移動させます。

10 必要に応じてビューア上の□を選択し「Smooth」をクリックする

この時点では、ビューア上の線はすべて直線になっ
ています。その角の部分を曲線に変える場合は、角に
ある□を選択し、ビューアの左上にある「Smooth」
アイコンをクリックしてください。複数の□をドラ
ッグして選択していると、それらをまとめて曲線に
することができます。

> **ヒント：ビューアの□は移動できる**
> ビューア上に表示されている□は、ドラッグすることで移動できます。

11 「角度」を右クリックして「接続」→「パス1」→「方向」を選択する

「変形1」のインスペクタの「角度」を右
クリックし、「接続」→「パス1」→「方向」
を選択してください。この操作によって、
画像の右側が常に進行方向を向くように
なります。

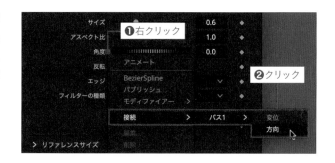

ヒント：元の画像が右を向いていない場合

たとえば、上向きの矢印の画像を使用している場合などは、「メディア入力2（画像）」と「変形1」
の間にもう一つ「変形」ノードを追加してください。そのノードのインスペクタの「角度」の値を変
更して右を向かせることで、画像が常に進行方向を向くようになります。元が上向きの画像の場合
は「角度」の値を「-90」に、下向きなら「90」、左向きなら「180」にしてください。

矢印を自由自在に伸ばす

　ここでは、自分で指定した線（パス）に沿って矢印が伸びていくアニメーションの作り方を解説します。テレビでよく見る、地図上の道に沿って赤い矢印が伸びていくようなアニメーションです。

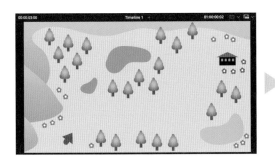
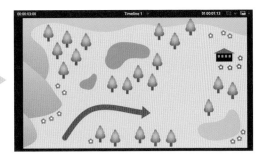
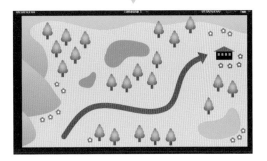

サンプルファイルの場所

プロジェクトアーカイブ →
samples/dra/3-1-4-N-LineDrawing.dra

1　背景にするクリップをFusionページで開く

カットページまたはエディットページの
タイムラインで、背景として使用するク
リップの上に再生ヘッドを置き、Fusion
ページに移動します。

2　「メディア入力1」と「メディア出力1」の間に「ペイント」を挿入する

「メディア入力1」と「メディア出力1」の間に、ツールバーにある「ペイント」ノードを挿
入してください。

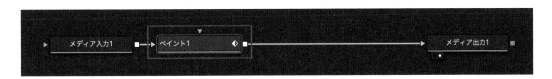

3 ビューア左上の「PolylineStroke」をクリックする

ノードエディター上で「ペイント」を選択するとビューアの上部にたくさんのアイコンが表示されます。その中の左から5番目にある「PolylineStroke」をクリックします。

補足情報 ：PolylineStrokeとは？

PolylineStrokeは、ビューア上のクリックした地点を線で結んでいくことで線を描くツールです。初期状態ではクリックした地点間を直線で結びますが、線の角に表示されている□を選択して「Smooth」をクリックすることで曲線に変えることができます。

---

4 ビューア上をクリックして 矢印の線を描く

ビューア上で必要なだけクリックして、矢印の伸びていく線の部分を描きます。

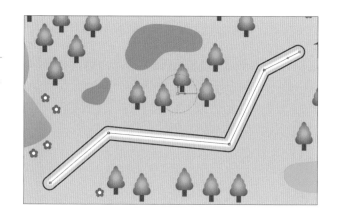

5 必要に応じて線の角を曲線にする

角の部分を曲線に変えたい場合は、線の角にある□をクリックして選択し、ビューアの上にある「Smooth」アイコンをクリックします。

ヒント：曲線の微調整

線上の□はドラッグして移動できます。また、□をクリックして選択するとハンドル（□から伸びる線）が表示され、その先端をドラッグすることで曲線の曲がり具合を調整できます。これらの操作は、ポインタが矢印の形状に変わる領域内でおこなってください。ポインタが「＋」の状態だと、線が延長されます。

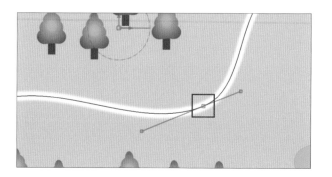

---

6 「ペイント」のインスペクタで「ブラシの形状」を「円形」にする

「ペイント」のインスペクタの「ブラシコントロール」
にある「ブラシの形状」を、左から2番目の「円形」
にします。

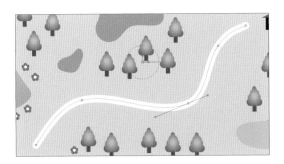

ヒント：ブラシの形状

初期状態では「ソフト」が選択されており、輪郭
がぼやけた線になります。このサンプルでは、線
の輪郭をはっきりさせるために「円形」を選択して
います。

7 「サイズ」で線の太さを調整する

同じ「ブラシコントロール」内にある「サイズ」で線の太さを調整します。

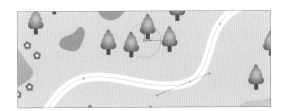

8 「Color」で線の色を変更する

「ブラシコントロール」の下の「適用コントロール」にある「Color」で線の色を変更します。
このサンプルでは赤にしています。

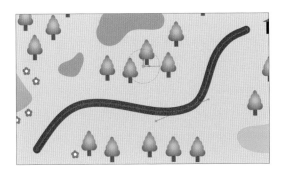

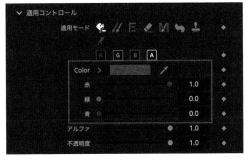

9 再生ヘッドを先頭に移動する

タイムルーラーの再生ヘッドを先頭に移
動させます。

ヒント：先頭に移動させるショートカットキー

キーボードで［command（Ctrl）］＋［←］を押すと再生ヘッドは先頭に移動します。［command
（Ctrl）］＋［→］を押すと末尾に移動します。

---

10 インスペクタ右上の「モディファイアー」をクリックする

インスペクタの一番上の右にある「モディファイア
ー」をクリックします。

---

11 インスペクタの「端から表示」の「終点」を「0.0」にする

インスペクタの「ストロークコントロール」にある
「端から表示」の右端にある○を一番左まで移動させ
て「終点」の値を「0.0」にします。

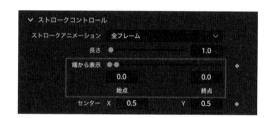

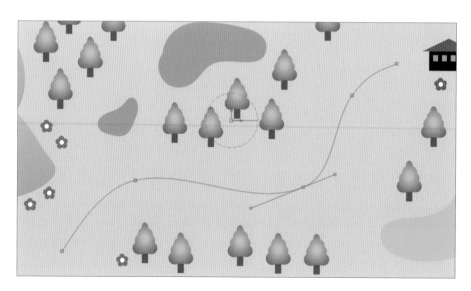

12　「端から表示」の右横の◆をクリックして赤くする

インスペクタの「端から表示」の右横にある◆をク
リックして赤くします。

13　再生ヘッドを最後のフレームに移動する

タイムルーラーの再生ヘッドを最後のフレームに移動させます。

14　インスペクタの「端から表示」の「終点」を「1.0」にする

インスペクタの「ストロークコントロール」にある
「端から表示」の右側の〇を元の位置（一番右）に
戻して「終点」の値を「1.0」にします。これで線
が伸びるアニメーションは完成です（再生して確認
できます）。

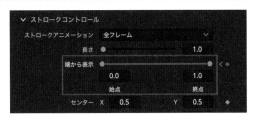

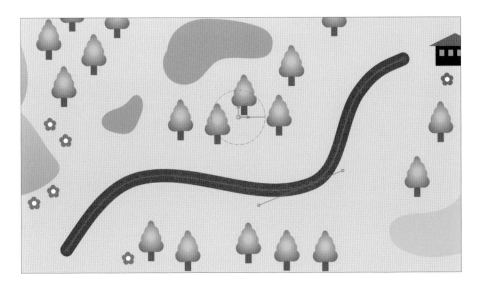

15 「右クリックして形状をアニメート」を右クリックして「パブリッシュ」を選択する

インスペクタの一番下にある「右クリックして形状
をアニメート」と書かれた部分を右クリックして、
「パブリッシュ」を選択してください（これによって
矢印の先端をこの線と連動して動かせるようになり
ます）。

16 「ペイント」を選択してツールバーの「テキスト+」をクリックする

ノードエディターで「ペイント」が選択されている状態で、ツールバーの「テキスト+」を
クリックします。すると自動的に「マージ1」が挿入され、「ペイント1」が背景、「テキス
ト1」が前景として接続されます。

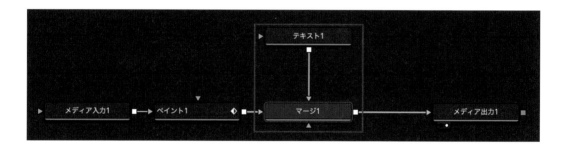

17 「テキスト1」のインスペクタのテキスト入力欄に「▶」を入力する

このサンプルでは、テキストの右向きの三角形を矢印の先端にします。「テキスト1」のイ
ンスペクタのテキスト入力欄に「▶」を入力してください。

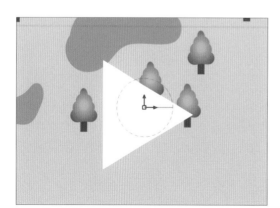

18 インスペクタで
フォントの種類を指定する

必要に応じて、「テキスト1」のインスペクタでフォ
ントの種類を指定します。

19 インスペクタで色を指定する

インスペクタの「カラー」で「▶」の色を指定して
ください。このサンプルでは線と同じ赤にしています。

20 インスペクタでサイズを指定する

インスペクタの「サイズ」で「▶」の大きさを調整
します。

21 インスペクタの「レイアウト」タブを開く

「テキスト1」のインスペクタの「レイアウト」タブ
を開きます。

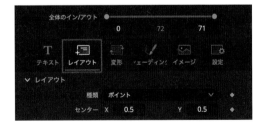

22 インスペクタで「レイアウト」の「種類」を「パス」に変える

インスペクタの「レイアウト」の「種類」を「パス」
に変更します。

> **ヒント：レイアウトの種類を「パス」に変えると？**
> 「パス」は、パスのカーブに沿ってテキストを配置する
> モードです。このあとの操作でペイントで描いた線の
> パスと連動させます。

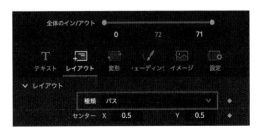

23 「右クリックして形状をアニメート」を右クリックして 「テキスト1パスを削除」を選択する

インスペクタの一番下にある「右クリックして形状をアニメート」と書かれた部分を右クリックして、「テキスト1パスを削除」を選択してください（既存のパスを削除することで他のパスに接続できるようになります）。

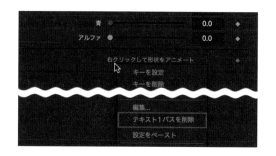

24 「右クリックして形状をアニメート」を右クリックして 「接続」→「PolylineStroke1:ポリライン」→「値」を選択する

インスペクタの一番下にある「右クリックして形状をアニメート」を再度右クリックして、「接続」→「PolylineStroke1:ポリライン」→「値」を選択してください（これで▶を線と連動して動かせるようになります）。

25 再生ヘッドを先頭に移動する

タイムルーラーの再生ヘッドを先頭に移動させます。

26 インスペクタで「レイアウト」の「パス上の位置」を「0.0」に変える

インスペクタの「レイアウト」の「パス上の位置」を「0.0」に変更します。

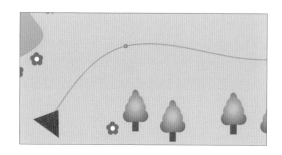

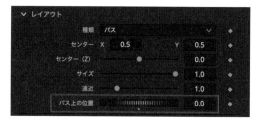

27 「パス上の位置」の右横の◆をクリックして赤くする

インスペクタの「パス上の位置」の右横にある◆を
クリックして赤くします。

28 再生ヘッドを最後のフレームに移動する

タイムルーラーの再生ヘッドを最後のフレームに移
動させます。

29 インスペクタで「レイアウト」の「パス上の位置」を「1.0」に変える

インスペクタの「レイアウト」の「パス上の位置」
を「1.0」に変更します。再生して確認すると、矢
印が伸びるアニメーションになっています。

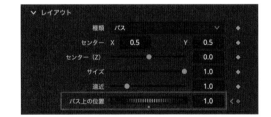

30 先端の▶の位置を微調整する

矢印の先端の▶の位置がずれているようでしたら、
「テキスト1」のインスペクタの「レイアウト」タブ
の「センター　X　Y」で調整してください。Xと
Yの両方の値を変更するよりも、Yだけで調整する
のが簡単です。

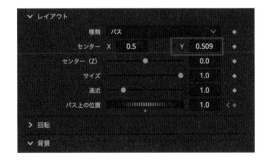

湯気を作る（ファストノイズ）

　ここでは、温かい飲み物や食べ物から出ているように見えるリアルな湯気を生成して合成する方法を解説します。なお、ここで解説しているのは、三脚などを使用して撮影した動かない映像に対して湯気を合成する場合の操作手順です。カメラを動かしながら撮影した映像に湯気を追加する場合は、完成した湯気をトラッカーを使って動かしてください。

サンプルファイルの場所

プロジェクトアーカイブ → samples/dra/3-1-4-O-FastNoise.dra

1　映像のクリップをFusionページで開く

カットページまたはエディットページのタイムラインで、湯気が出ているように見せたいものが映っているクリップの上に再生ヘッドを置き、Fusionページに移動します。

2 ツールバーの「ファストノイズ」をクリックする

ノードエディターで「メディア入力1」が選択されている状態で、ツールバーの左から2番目にある「ファストノイズ」をクリックします。すると自動的に「マージ1」が挿入され、「メディア入力1」が背景、「ファストノイズ」が前景として接続されます。

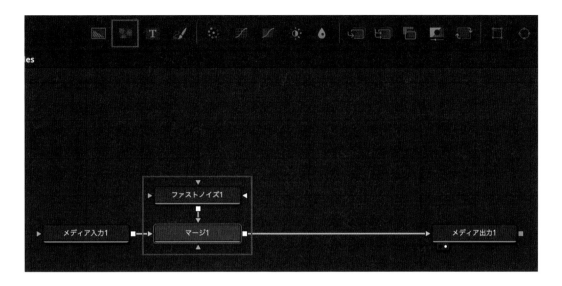

3 「ファストノイズ」のインスペクタの「ディテール」の値を「7.0」にする

この段階では、映像に白く霧がかかったような状態になっています。「ファストノイズ」のインスペクタの「ディテール」の値を「7.0」程度まで上げてください（きっちり「7.0」にする必要はありません）。

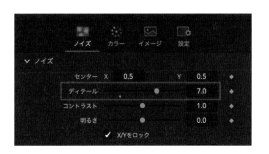

ヒント：湯気の最終的な微調整は最後におこなう

ここでは、まずは大ざっぱに湯気のように見える調整をしておきます。最終的な調整は湯気に動きをつけたあとで、合成する元の映像に合わせておこないます。

4 インスペクタの「スケール」の値を「4.0」にする

続けて「ファストノイズ」のインスペクタの「スケール」の値を「4.0」程度まで上げてください。

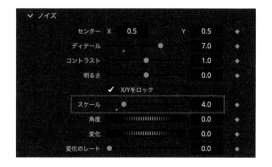

5 インスペクタの「変化のレート」の値を「0.03」にする

この段階ではまだ湯気は動いていませんが、ここで湯気らしい動きを与えます。「ファスト
ノイズ」のインスペクタの「変化のレート」の値を「0.03」程度にしてください。再生し
てみると、湯気に動きが加わったことが確認できます。

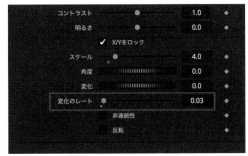

6 ツールバーの「ポリゴン」をクリックする

ノードエディターで「ファストノイズ」が選択されている状態で、ツールバーの「ポリゴン」
をクリックします。すると自動的に「ポリゴン」の出口が「ファストノイズ」の水色（マス
ク）の入口に接続された状態になります。

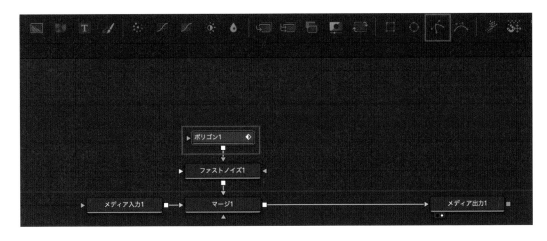

7 湯気を表示させる領域を クリックして囲う

湯気を表示させる領域を指定します。ノードエディターで「ポリゴン」が選択されている状態で、ポインタでビューア上の湯気を表示させる領域を囲うようにクリックしてください。領域を閉じるには、最初にクリックしたポイント付近にポインタを置き、ポインタの右下に○印があらわれている状態でクリックします。

> **ヒント:「ポリゴン」を接続すると 湯気が消える**
>
> 湯気は一旦見えなくなりますが、湯気を表示させる領域をクリックして囲い終えるとその領域内に表示されます。

8 「ポリゴン」のインスペクタの「ソフトエッジ」で境界をぼかす

「ポリゴン」のインスペクタの「ソフトエッジ」の値を大きくして、湯気の境界が自然に見えるようにします。

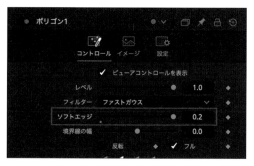

9 再生ヘッドを先頭に移動する

タイムルーラーの再生ヘッドを先頭に移動させます。

ヒント：先頭に移動させるショートカットキー

キーボードで［command（Ctrl）］＋［←］を押すと再生ヘッドは先頭に移動します。［command
（Ctrl）］＋［→］を押すと末尾に移動します。

10 「ファストノイズ」の「センター　X　Y」の右横の◆をクリックして赤くする

「ファストノイズ」のインスペクタの「センター
X　Y」の右横にある◆をクリックして赤くします。
値は両方とも「0.5」のままで変更はしません。

11 再生ヘッドを最後のフレームに移動する

タイムルーラーの再生ヘッドを最後のフレームに移
動させます。

12 「ファストノイズ」の「センター　Y」の値を大きくする

「ファストノイズ」のインスペクタの「センター　Y」
の値を大きくして湯気が上に移動するようにします。
ビューア上でドラッグして調整することもできます。
「センター　X」の値は変更する必要はありません。

ヒント：再生して確認しながら調整する

これ以降の作業は、湯気の、見え方の最終調整でもあります。何度も再生させて確認し、映像に
合った動きとなるように調整してください。

13 「ファストノイズ」のインスペクタの「明るさ」の値を調整する

「ファストノイズ」のインスペクタの「明るさ」の値
を映像に合わせて自然に見えるように調整してくだ
さい。

14 インスペクタの その他の項目も微調整する

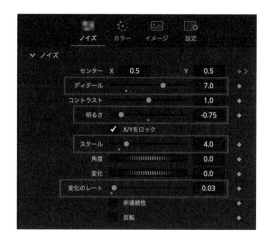

「ファストノイズ」のインスペクタの「ディテール」「スケール」「変化のレート」も、映像に合わせて自然に見えるように微調整します。「ポリゴン」のインスペクタの「ソフトエッジ」も再調整してください。

テキストを粒子状にして消す（パーティクル）

ここでは、テキストが粒子状になって風で吹き消されるようなアニメーションを作成する手順を紹介します。テキストの部分を画像に変更することで、ロゴ画像などを粒子状にして消すこともできます。

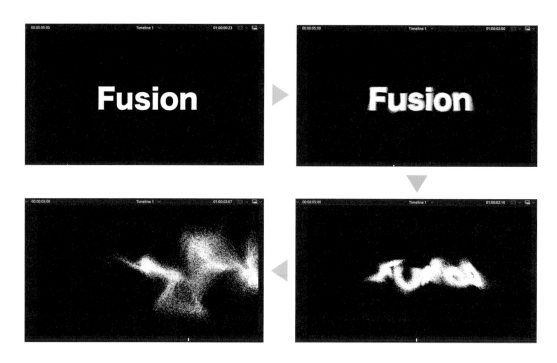

サンプルファイルの場所

プロジェクトアーカイブ → samples/dra/3-1-4-P-Particle.dra

1 タイムラインにFusionコンポジションを配置する

カットページまたはエディットページでエフェクト（エフェクトライブラリ）を表示させ、
その中にある「Fusionコンポジション」をタイムラインに配置します。

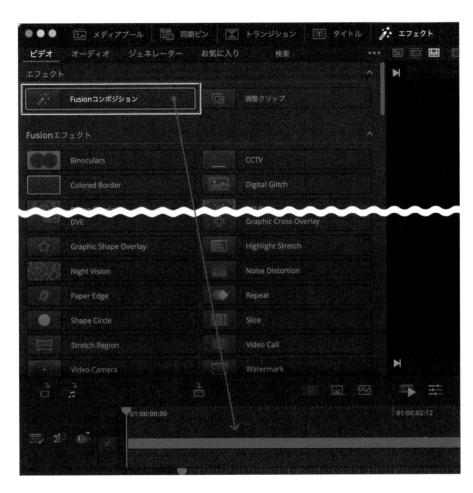

2 FusionコンポジションをFusionページで開く

タイムラインに配置したFusionコンポジションをFusionページで開きます。

3 「ディゾルブ」を「MediaOut1」に接続する

「エフェクト」→「Tools」→「合成」の中にある「ディゾルブ」をノードエディターに配置して、
その出口を「MediaOut1」の入口に接続します。

補足情報 ：「ディゾルブ」の役割

トランジションの「クロスディゾルブ」は、タイムラインにおいて前のクリップの映像から次のクリップの映像へとなめらかに切り替えます。Fusionの「ディゾルブ」ノードは、前景に接続した映像から背景に接続した映像（またはその逆）へとなめらかに切り替える際に使用します。このサンプルでは、元のテキストから粒子状にした（パーティクル関連のノードを適用した）テキストへとなめらかに切り替えるために使用します。

---

4 「テキスト+」を「ディゾルブ」に接続する

ツールバーにある「テキスト+」をノードエディターに配置して、その出口を「ディゾルブ」
の入口に接続します。

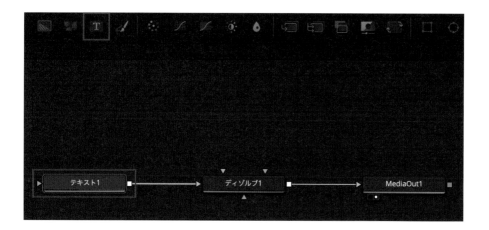

ヒント：画像を粒子状にする場合

テキストではなく画像を粒子状にして消す場合は、メディアプールから画像を持ってきて「テキスト+」と同様に接続してください。以降、テキストを扱う部分を画像に置き換えて作業することで、画像を粒子状にして消すことができます。

---

5 テキストの表示を整える

ノードエディターで「テキスト1」を選択し、インスペクタのテキスト入力欄に粒子状にして消したいテキストを入力してください。フォントの種類や色、サイズなども調整しておきます。

6 「pレンダー」を「ディゾルブ」に接続する

ツールバーにある「pレンダー」をノードエディターに配置して、その出口を「ディゾルブ」の緑の入口（前景）に接続します。

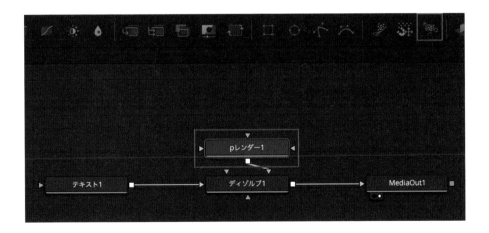

補足情報 ：「pレンダー」の役割

シェイプの図形は「sレンダー」を通さないと表示されないのと同様に、パーティクル関連のノード（p○○○）を表示させるには最終的に「pレンダー」に接続する必要があります。

7 「pイメージエミッター」を「pレンダー」に接続する

「エフェクト」→「Tools」→「パーティクル」の中にある「pイメージエミッター」をノードエディターに配置して、その出口を「pレンダー」の入口に接続します。

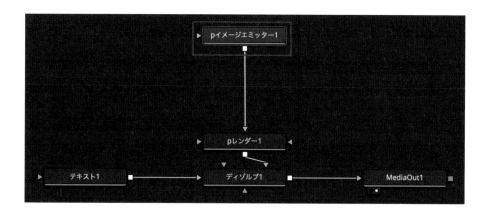

補足情報 :「pイメージエミッター」の役割

テキストや画像などを「pイメージエミッター」ノードに接続すると、透明でない部分の各ピクセルが粒子（パーティクル）になります。

8 「テキスト1」を「pイメージエミッター」に接続する

ノードエディターにすでに配置されている「テキスト1」の出口を「pイメージエミッター」の入口に接続します。

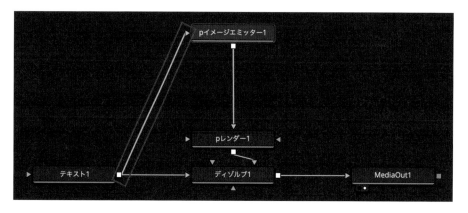

結果として、「テキスト1」の出口は二股に分かれます。一方は元のテキストそのままで、もう一方は粒子化されたテキストです。はじめは元のテキストを表示させておき、途中で「ディゾルブ」を使って粒子化されたテキストに切り替えます。

9 「pイメージエミッター」の「持続時間」と「持続時間の変化」を設定する

「pイメージエミッター」のインスペクタにある「持続時間（粒子が消えるまでの時間）」をFusionコンポジションの全フレーム数の7〜8割程度にしてください（全体が120フレームなら90など）。「持続時間の変化」は、粒子が消えるまでの時間にばらつきを持たせるための指定です。ここには10〜20くらいの値を指定しておきます。

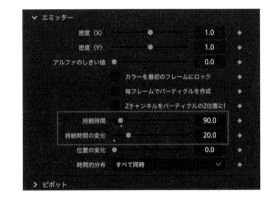

10 インスペクタの「スタイル」タブを開く

続けて「pイメージエミッター」のインスペクタの「スタイル」タブを開きます。

11 「Style」の「スタイル」を「Blob」にする

初期状態では「Style」の「スタイル」メニューは「Point」が選択されています。これを「Blob」に変更してください。

「Point」が選択されていると、1ピクセルの粒子が生成されます。これを「Blob」に変更することで、もう少し大きくてソフトな球状の粒子が生成されるようになります。

12 「Size Controls」の「Size」を「0.3」にする

「Size Controls」の「Size」スライダーの値を調整します。初期値の「0.1」では粒子が小さいので、その3倍の「0.3」程度の値に変更してください。

13 再生ヘッドを50フレームに移動する

このサンプルでは、元のテキストと粒子化したテキストを40フレームと50フレームにキーフレームを打って「ディゾルブ」ノードで切り替えます。まずはタイムルーラーの再生ヘッドを50フレームに移動させてください。

ヒント：キーフレームの位置はあとで変更可能

このサンプルではこれ以降、40フレームと50フレームで何度かキーフレームを打ちます。キーフレームの位置はスプラインエディターやキーフレームエディターを使ってあとから変更できます。

14 「ディゾルブ」のインスペクタを開く

ノードエディターで「ディゾルブ」ノードを選択します。

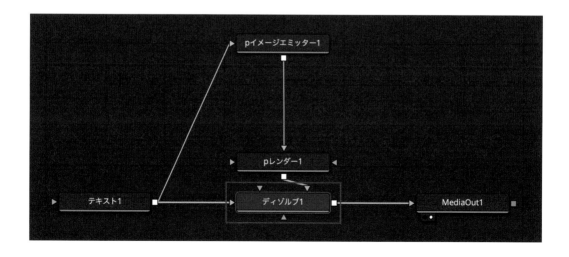

15 「後景/前景」の右横の◆をクリックして赤くする

値が「1.0」になっているのを確認した上で、イン
スペクタの「後景/前景」の右横にある◆をクリック
して赤くします。

16 再生ヘッドを40フレームに移動する

タイムルーラーの再生ヘッドを40フレームに移動さ
せます。

17 「後景/前景」の値を「0.0」にする

「後景/前景」のスライダーを左端いっぱいまで寄せ
て値を「0.0」にします。これで40〜50フレーム
で元のテキストから粒子化したテキストへと表示が
切り替わるようになりました。

ヒント：処理が重すぎて再生できないときは？

「再生」メニューの「タイムラインプロキシ解像度」を「フル」から「1/2」または「1/4」に変更す
ることで再生速度が改善されます。また、ビューアの下の再生・停止ボタンのある領域で右クリッ
クして「高品質」のチェックを外すことで処理を軽くすることもできます。

ヒント：ビューアの背景を真っ黒にしたい

これ以降、再生時にビューアの背景のチェック柄が邪魔になって見にくい場合は、ビューアを右ク
リックして「オプション」→「チェッカーアンダーレイ」のチェックを外すことで背景を真っ黒にする
ことができます。

18 「pイメージエミッター」の直後に「pタービュランス」を挿入する

「エフェクト」→「Tools」→「パーティクル」の中にある「pタービュランス」を「pイメージエミッター」と「pレンダー」の間に挿入します。

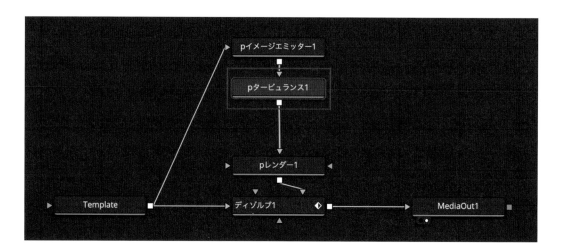

補足情報 :「pタービュランス」の役割

タービュランス (Turbulence) とは乱気流のことです。粒子化したテキストにこのノードを接続すると、粒子がランダムに広がるように動きだします。どの程度動かすかは、XYZの各軸ごとに強さを設定できます。

ヒント：この段階で再生してみると……

このサンプルでは、粒子化したテキストは40フレーム以降になって初めて表示されます。しかし、画面には表示されていなくても、粒子化したテキストは最初のフレームから動き始めているため、この段階で再生すると不自然な動きになります。そこでキーフレームを打って、粒子化したテキストが40フレームから動き出すようにします。

19 再生ヘッドを40フレームに移動する

タイムルーラーの再生ヘッドを40フレームに移動させます。

20 「pタービュランス」の インスペクタの「条件」タブを開く

ノードエディターで「pタービュランス」が選択されている状態で、インスペクタの「条件」タブを開きます。

21 「影響を与える確率」を「0.0」にして◆をクリックして赤くする

まず、「影響を与える確率」のスライダーを左端いっ
ぱいまで寄せて値を「0.0」にします（これで粒子
が動かない状態なります）。その状態で「影響を与え
る確率」の右横にある◆をクリックして赤くしてく
ださい。

22 再生ヘッドを50フレームに移動する

タイムルーラーの再生ヘッドを50フレー
ムに移動させます。

23 「影響を与える確率」を「1.0」にする

「影響を与える確率」のスライダーを右端いっぱいま
で寄せて値を「1.0」にします（50フレーム以降は
粒子がフルで動くようになります）。

24 「pタービュランス」のインスペクタの「コントロール」タブを開く

「pタービュランス」のインスペクタの「コントロー
ル」タブを開きます。

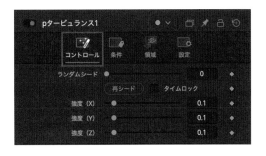

25 「強度（X)」「強度（Y）」「強度（Z)」を「0.4」にする

X・Y・Zの各軸に沿ったランダムな動きを大きくします。「強度（X)」「強度（Y）」「強度（Z)」
の値をそれぞれ「0.4」程度にしてください。

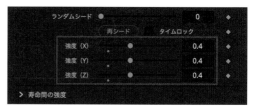

ヒント：この段階で再生してみると……

この段階で再生すると、粒子は動くものの、ランダムに広がっただけで消えていきます。そこで、
風が吹いて粒子が飛ばされて消えていくような動きを加えることにします。

26 「pタービュランス」の直後に「p方向性フォース」を挿入する

ツールバーにある「p方向性フォース」を「pタービュランス」と「pレンダー」の間に挿入
します。

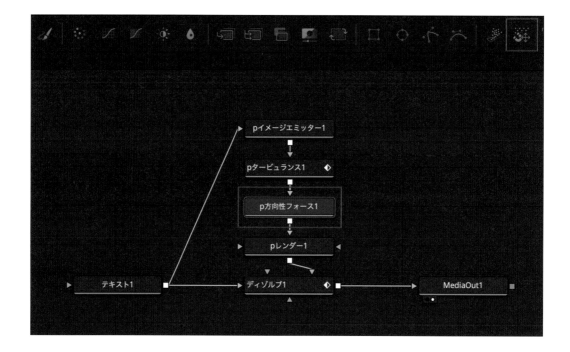

27 インスペクタで「方向」に「0.0」を指定する

「p方向性フォース」のインスペクタの「方向」に角度の値を入力して、粒子が飛ばされていく方向を指定します。上なら「90」、下なら「-90.0」、左なら「180」、右なら「0.0」を入力してください（「45」などを入力して斜め方向に飛ばしてもかまいません）。このサンプルでは右に飛ばします。

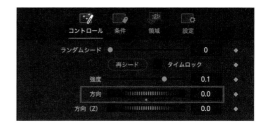

28 再生ヘッドを40フレームに移動する

タイムルーラーの再生ヘッドを40フレームに移動させます。

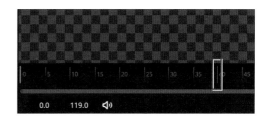

29 「強度」を「0.0」にして◆をクリックして赤くする

「強度」に「0」と入力してから、右横にある◆をクリックして赤くしてください。このとき、スライダーを左端いっぱいまで寄せてしまうと負の値（-0.2）になってしまいますので注意してください。

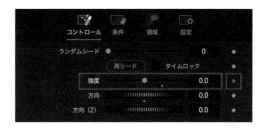

30 再生ヘッドを50フレームに移動する

タイムルーラーの再生ヘッドを50フレームに移動させます。

31 「強度」を「0.05」にする

「強度」の値を「0.05」程度にします。

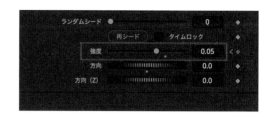

32 再生してインスペクタの各値を調整する

再生して粒子の大きさや動きなどを確認し、インスペクタの各値を微調整すると完成です。

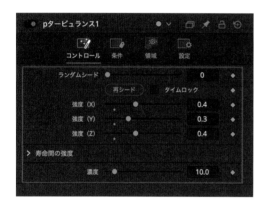

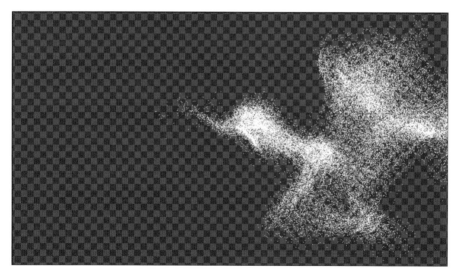

Appendix

最後に、ノードの「カテゴリー名」「サ
ブカテゴリー名」「日本語名」「英語名」
「ツールバーにあるかどうか」を記載した
全ノードの一覧を用意しました。掲載順
は、DaVinci Resolve 19 Public Beta
（バージョン19.0B BUILD 33）の時点
でのエフェクトライブラリの「Tools」と同
じにしてありますが、バージョンアップによ
り変更される可能性があります。

日英対応 全ノード名一覧

本書では、ノードのラベルを日本語にした状態で解説していますが、中にはノードを英語表記にしたままで使用されている方もいます。ここでは、そのような方がノードの英語名を簡単に調べられるようにするために、日本語名と英語名を併記した全ノードの一覧を用意しました。全体としてどのようなノードが用意されているのかを確認してみたい場合などにもご活用ください。

カテゴリー名	サブカテゴリー名	日本語名	英語名	ツールバー
3D	テクスチャー	球マップ	Sphere Map	
		バンプマップ	Bump Map	
		キャッチャー	Catcher	
		フォールオフ	Falloff	
		テクスチャー 2D	Texture 2D	
		テクスチャー変形	Texture Transform	
		ファストノイズテクスチャー	Fast Noise Texture	
		CubeMap	CubeMap	
		Gradient	Gradient	
	マテリアル	反射	Reflect	
		ブリン	Blinn	
		フォン	Phong	
		ウォード	Ward	
		クックトランス	Cook Torrance	
		マテリアルマージ	Material Merge	
		チャンネルブーリアン	Channel Boolean	●
		Stereo Mix	Stereo Mix	
	ライト	環境ライト	Ambient Light	
		平行ライト	Directional Light	
		ポイントライト	Point Light	
		スポットライト	Spot Light	●
	3D	変位3D	Displace 3D	
		変形3D	Transform 3D	
		接合3D	Weld 3D	
		複製3D	Duplicate 3D	
		マージ3D	Merge 3D	●
		立方体3D	Cube 3D	

カテゴリー名	サブカテゴリー名	日本語名	英語名	ツールバー
		カメラ3D	Camera 3D	●
		三角化3D	Triangulate 3D	
		フォグ3D	Fog 3D	
		リボン3D	Ribbon 3D	
		テキスト3D	Text 3D	●
		シェイプ3D	Shape 3D	●
		ベンダー3D	Bender 3D	
		置き換え3D	Replicate 3D	
		球面カメラ	Spherical Camera	
		レンダラー3D	Renderer 3D	●
		ロケーター3D	Locator 3D	
		カスタム頂点3D	Custom Vertex 3D	
		法線置き換え3D	Replace Normals 3D	
		ソフトクリップ	Soft Clip	
		プロジェクター3D	Projector 3D	
		オーバーライド3D	Override 3D	
		イメージプレーン3D	Image Plane 3D	●
		ポイントクラウド3D	Point Cloud 3D	
		マテリアル置き換え3D	Replace Material 3D	
		Alembicメッシュ3D	Alembic Mesh 3D	
		押し出し3D	Extrude 3D	
		FBX書き出し	FBX Exporter 3D	
		FBXメッシュ3D	FBX Mesh 3D	
		UVマップ3D	UV Map 3D	
Color	ColorFX	ACESトランスフォーム	ACES Transform	
		色順応	Chromatic Adaptation	
		カラースペース変換	Color Space Transform	
		色域リミッター	Gamut Limiter	
		色域マッピング	Gamut Mapping	
	Revival	Chromatic Aberration Removal	Chromatic Aberration Removal	
LUT		ファイルLUT	File LUT	
		LUT Cube Analyzer	LUT Cube Analyzer	
		LUT Cube Apply	LUT Cube Apply	
		LUT Cube Creator	LUT Cube Creator	
Miscellaneous		フィールド	Fields	
		カメラシェイク	Camera Shake	

カテゴリー名	サブカテゴリー名	日本語名	英語名	ツールバー
		カスタムツール	Custom Tool	
OpenFX	ResolveFX Film Emulation	ビネット	Vignette	
		カメラシェイク	Camera Shake	
		フィルムダメージ	Film Damage	
		フリッカーの追加	Flicker Addition	
	ResolveFX カラー	スピル除去	Despill	
		カラーの反転	Invert Color	
		カラーコンプレッサー	Color Compressor	
	ResolveFX キー	3Dキーヤー	3D Keyer	
		ルマキーヤー	Luma Keyer	
		アルファマットの縮小＆拡大	Alpha Matte Shrink and Grow	
		HSLキーヤー	HSL Keyer	
	ResolveFX ジェネレート	グリッド	Grid	
		カラーパレット	Color Palette	
		カラージェネレーター	Color Generate	
	ResolveFX スタイライズ	ミラー	Mirrors	
		抽象化	Abstraction	
		水彩画	Watercolor	
		捜査線	Scanlines	
		エンボス	Emboss	
		エッジ検出	Edge Detect	
		バーンアウェイ	Burn Away	
		ドロップシャドウ	Drop Shadow	
		ブランキングフィル	Blanking Fill	
		ブラー（プリズム）	Prism Blur	
	ResolveFX テクスチャー	JPEGダメージ	JPEG Damage	
	ResolveFX テンポラル	ストップモーション	Stop Motion	
	ResolveFX トランスフォーム	変形	Transform	
		ビデオコラージュ	Video Collage	
	ResolveFX ブラー	ブラー（放射）	Radial Blur	
		ブラー（方向）	Directional Blur	
		ブラー（ガウス）	Gaussian Blur	
		ブラー（ズーム）	Zoom Blur	
		ブラー（ボックス）	Box Blur	
		ブラー（モザイク）	Mosaic Blur	

カテゴリー名	サブカテゴリー名	日本語名	英語名	ツールバー
	ResolveFX ライト	光線	Light Rays	
		グロー	Glow	
	ResolveFX リバイバル	デバンド	Deband	
		デッドピクセル修正	Dead Pixel Fixer	
	ResolveFX ワープ	渦	Vortex	
		うねり	Waviness	
		デント	Dent	
		リップル	Ripples	
USD	Light	u円柱ライト	uCylinder Light	
		u遠隔ライト	uDistant Light	
		u球体ライト	uSphere Light	
		uドームライト	uDome Light	
		u四角形ライト	uRectangle Light	
		uディスクライト	uDisk Light	
	Material	u法線マップ	uNormal Map	
		uシェーダー	uShader	
		uテクスチャー	uTexture	
		uテクスチャー変形	uTexture Transform	
	USD	u変形	uTransform	
		uカメラ	uCamera	
		uマージ	uMerge	
		uローダー	uLoader	
		uレンダラー	uRenderer	
		uイメージプレーン	uImage Plane	
		u複製	uDuplicate	
		uMaterialX	uMaterialX	
		uマテリアル置き換え	uReplace Material	
		uShape	uShape	
		uバリアント	uVariant	
		u可視性	uVisibility	
		uボリューム	uVolume	
VR		LatLong Patcher	LatLong Patcher	
		PanoMap	PanoMap	
		Spherical Stabilizer	Spherical Stabilizer	
エフェクト		シャドウ	Shadow	
		トレイル	Trails	
		ハイライト	Highlight	

カテゴリー名	サブカテゴリー名	日本語名	英語名	ツールバー
		擬似カラー	Pseudo Color	
		Duplicate	Duplicate	
		Hot Spot	Hot Spot	
		Object Removal	Object Removal	
		Rays	Rays	
		TV	TV	
オプティカルフロー		オプティカルフロー	Optical Flow	
		Repair Frame	Repair Frame	
		Smooth Motion	Smooth Motion	
		Tween	Tween	
カラー		色域	Gamut	
		明度/コントラスト	Brightness Contrast	●
		自動ゲイン	Auto Gain	
		色相カーブ	Hue Curves	
		カラーカーブ	Color Curves	●
		カラーゲイン	Color Gain	
		カラースペース	Color Space	
		カラーコレクター	Color Corrector	●
		ホワイトバランス	White Balance	
		カラーマトリックス	Color Matrix	
		チャンネルブーリアン	Channel Booleans	
		キャンバスカラー設定	Set Canvas Color	
		Auxコピー	Copy Aux	
		OCIO CDL変換	OCIO CDL Transform	
		OCIOファイル変換	OCIO File Transform	
		OCIOカラースペース	OCIO Color Space	
シェイプ		s星	sStar	
		s複製	sDuplicate	
		s拡張	sExpand	
		s変形	sTransform	
		s楕円形	sEllipse	
		sマージ	sMerge	
		s四角形	sRectangle	
		sグリッド	sGrid	
		sジッター	sJitter	
		sポリゴン	sPolygon	
		sレンダー	sRender	

カテゴリー名	サブカテゴリー名	日本語名	英語名	ツールバー
		sブーリアン	sBoolean	
		sアウトライン	sOutline	
		sBスプライン	sBSpline	
		sChangeStyle	sChangeStyle	
		sNポリゴン	sNGon	
		sText	sText	
ジェネレーター		背景	Background	●
		日中の空	DaySky	
		プラズマ	Plasma	
		テキスト+	Text+	●
		マンデルブロ	Mandelbrot	
		ファストノイズ	FastNoise	●
ステレオ		Anaglyph	Anaglyph	
		Combiner	Combiner	
		Disparity	Disparity	
		Disparity To Z	Disparity To Z	
		Global Align	Global Align	
		New Eye	New Eye	
		Splitter	Splitter	
		Stereo Align	Stereo Align	
		Z To Disparity	Z To Disparity	
その他		深度変更	Change Depth	
		タイム速度	Time Speed	
		自動ドメイン	Auto Domain	
		コマンド実行	Run Command	
		定義域を設定	Set Domain	
		キーフレームストレッチャー	Keyframe Stretcher	
		Frame Average	Frame Average	
		Time Stretcher	Time Stretcher	
		Wireless Link	Wireless Link	
ディープピクセル		フォグ	Fog	
		深度ブラー	Depth Blur	
		シェーダー	Shader	
		テクスチャー	Texture	
		アンビエントオクルージョン	Ambient Occlusion	
トラッキング		トラッカー	Tracker	
		平面トラッカー	Planar Tracker	

Appendix

カテゴリー名	サブカテゴリー名	日本語名	英語名	ツールバー
		Camera Tracker	Camera Tracker	
パーティクル		p渦	pVortex	
		p回避	pAvoid	
		p群れ	pFlock	
		p追従	pFollow	
		p抵抗	pFriction	
		p消滅	pKill	
		pマージ	pMerge	
		pバウンス	pBounce	
		pカスタム	pCustom	
		pレンダー	pRender	●
		pスポーン	pSpawn	
		pエミッター	pEmitter	●
		pスタイル変更	pChangeStyle	
		p接線フォース	pTangentForce	
		p方向性フォース	pDirectionalForce	●
		pタービュランス	pTurbulence	
		pカスタムフォース	pCustomForce	
		pポイントフォース	pPointForce	
		pイメージエミッター	pImageEmitter	
		pグラデーションフォース	pGradientForce	
フィルター		侵食/膨張	Erode / Dilate	
		フィルター	Filter	
		ランクフィルター	Rank Filter	
		カスタムフィルター	Custom Filter	
		Create Bump Map	Create Bump Map	
フィルム		グレイン	Grain	
		ノイズ除去	Remove Noise	
		ライトトリム	Light Trim	
		フィルムグレイン	Film Grain	
		Cineon Log	Cineon Log	
ブラー		ブラー	Blur	●
		グロー	Glow	
		シャープ	Sharpen	
		可変ブラー	Vari Blur	
		デフォーカス	Defocus	
		ソフトグロー	Soft Glow	

カテゴリー名	サブカテゴリー名	日本語名	英語名	ツールバー
		ブラー（方向）	Directional Blur	
		アンシャープマスク	Unsharp Mask	
		ベクトルモーションブラー	Vector Motion Blur	
フロー		アンダーレイ	Underlay	
		Sticky Note	Sticky Note	
ペイント		ペイント	Paint	●
マスク		範囲	Ranges	
		楕円形	Ellipse	●
		四角形	Rectangle	●
		三角形	Triangle	
		ワンド	Wand	
		ポリゴン	Polygon	●
		ビットマップ	Bitmap	
		マスクペイント	Mask Paint	
		Bスプライン	BSpline	●
		マルチポイ	MultiPoly	●
マット		差キーヤー	Difference Keyer	
		アルファ除算	Alpha Divide	
		アルファ乗算	Alpha Multiply	
		ルマキーヤー	Luma Keyer	
		クロマキーヤー	Chroma Keyer	
		デルタキーヤー	Delta Keyer	
		クリーンプレート	Clean Plate	
		ウルトラキーヤー	Ultra Keyer	
		マットコントロール	Matte Control	●
		Depth Map	Depth Map	
		Magic Mask	Magic Mask	
		Relight	Relight	
		Surface Tracker	Surface Tracker	
メタデータ		Copy Metadata	Copy Metadata	
		Set Metadata	Set Metadata	
		Set Time Code	Set Time Code	
ワープ		渦	Vortex	
		変位	Displace	
		デント	Dent	
		座標空間	Coordinate Space	
		ドリップ	Drip	

カテゴリー名	サブカテゴリー名	日本語名	英語名	ツールバー
		遠近位置	Perspective Positioner	
		レンズ歪み	Lens Distort	
		グリッドワープ	Grid Warp	
		ベクトルディストーション	Vector Distortion	
		Corner Positioner	Corner Positioner	
位置		ボリュームフォグ	Volume Fog	
		ボリュームマスク	Volume Mask	
		Zからワールドポジション	Z to WorldPos	
合成		マージ	Merge	●
		ディゾルブ	Dissolve	
		マルチマージ	MultiMerge	●
入出力		ローダー	Loader	
		セイバー	Saver	
		メディア入力	Media In	
		メディア出力	Media Out	
変形		変形	Transform	●
		クロップ	Crop	
		平面変形	Planar Transform	
		リサイズ	Resize	
		スケール	Scale	
		レターボックス	Letterbox	
		DVE	DVE	

■著者プロフィール
大藤 幹（おおふじ みき）

DaVinci Resolve 18 認定トレーナー。1級ウェブデザイン技能士。大学卒業後、複数のソフトハウスに勤務し、CADアプリケーション、航空関連システム、医療関連システム、マルチメディアタイトルなどの開発に携わる。1996年よりWebデザインの基本技術に関する書籍の執筆を開始し、2000年に独立。その後、ウェブコンテンツJIS（JIS X 8341-3）ワーキング・グループ主査、情報通信アクセス協議会・ウェブアクセシビリティ作業部会委員、ウェブデザイン技能検定特別委員、技能五輪全国大会ウェブデザイン職種競技委員、若年者ものづくり競技大会ウェブデザイン職種競技委員などを務める。現在の主な業務は、コンピュータ・IT関連書籍の執筆のほか、全国各地での講演・セミナー講師など。著書は『iMovieの限界を超える 思い通りの映像ができる動画クリエイト』『自由自在に動画が作れる高機能ソフト DaVinci Resolve入門』など60冊を超える。

■STAFF
ブックデザイン：霜崎 綾子
カバーイラスト：玉利 樹貴
DTP：AP_Planning
編集：伊佐 知子

■本書で使用している写真素材について
p.127〜140で使用している女性の写真は、フリー素材ぱくたそ［ https://www.pakutaso.com ］
のものです。

https://www.pakutaso.com/20161028286post-9217.html
Model by 河村友歌

<ruby>高<rt>こう</rt></ruby><ruby>機<rt>き</rt></ruby><ruby>能<rt>のう</rt></ruby><ruby>動<rt>どう</rt></ruby><ruby>画<rt>が</rt></ruby><ruby>編<rt>へん</rt></ruby><ruby>集<rt>しゅう</rt></ruby>ソフト
DaVinci Resolve Fusion <ruby>今日<rt>きょう</rt></ruby>から<ruby>使<rt>つか</rt></ruby>える<ruby>活<rt>かつ</rt></ruby><ruby>用<rt>よう</rt></ruby>ガイド

2024年7月26日　初版第1刷発行

著者　　　大藤 幹
発行者　　角竹 輝紀
発行所　　株式会社 マイナビ出版
　　　　　〒101-0003　東京都千代田区一ツ橋2-6-2　一ツ橋ビル 2F
　　　　　TEL：0480-38-6872（注文専用ダイヤル）
　　　　　TEL：03-3556-2731（販売）
　　　　　TEL：03-3556-2736（編集）
　　　　　E-Mail：pc-books@mynavi.jp
　　　　　URL：https://book.mynavi.jp
印刷・製本　　シナノ印刷株式会社